KATHARINA MARIOTH

MEIN HERZ SCHLÄGT HUND

Mit emotionaler Kommunikation zu echter Bindung zwischen Mensch und Hund

KATHARINA MARIOTH

MEIN HERZ SCHLÄGT HUND

Mit emotionaler Kommunikation zu echter Bindung zwischen Mensch und Hund

INHALT

Nein heißt nein, auch bei Hunden

Viele gemeinsame Jahre genießen

Konzentrieren Sie sich auf das Gute!

Zum Nachschlagen

VORWORT

Wenn ich in meine Bücherregale schaue, sehe ich dort über 300 Bücher zum Thema Hund – und keines spricht über das Allerwichtigste: die emotionale Kommunikation mit diesen wunderbaren Tieren. Sprechen, Zuhören und Verstehen ist jedoch die Grundvoraussetzung für alles, was wir gemeinsam mit ihnen unternehmen, trainieren und erleben. Und dabei ist es übrigens völlig egal, ob Sie einen Welpen an Ihrer Seite haben, einen pubertär hormonell komplett übersteuerten Teenager oder einen Hund, der schon etwas älter ist. Lernen findet immer statt, ein Leben lang.

Ich möchte Ihnen mit diesem Buch dazu viele leicht umsetzbare und klar strukturierte Inhalte, Hintergründe und Anleitungen mit auf den Weg geben. Sie sollen Ihnen in jeder Lebenslage helfen, Ihren Hund anzusprechen und auf sich zu fokussieren. Sie werden einfache Methoden kennenlernen, mit denen Ihre gemeinsame Zeit Tag für Tag an Qualität gewinnt. Und ich wünsche mir, dass Sie dieses Buch immer wieder zur Hand nehmen, wenn Sie einmal Rat brauchen.

Ich hätte mir früher auch einen Ratgeber wie diesen gewünscht, der mir mit klaren Überschriften, kurzen Anleitungen und ohne viel Schnickschnack erklärt, wie man es denn besser machen kann. Wie man schneller zum Ziel kommt und vor allem: wie man sich mit seinem Hund wirklich besser versteht. Ohne Umschweife, ohne Gewalt, dafür mit Gefühl und fundiertem Wissen. Eben genau das, was man zwischen zwei Gassirunden braucht. Gleichzeitig ist mir wichtig, dass Sie beim Lesen und Anwenden immer ein Lächeln auf den Lippen haben. Denn manches ist deutlich leichter, wenn man es mit einem humorvollen Blick betrachtet.

Dieses Buch ist allen Menschen und ihren Hunden gewidmet, die Lust haben, etwas zu entdecken, sich etwas einzugestehen und zu verbessern. Ich verspreche Ihnen, dass Sie mit einfachen Mitteln und Wegen Veränderungen mit großer Wirkung in Ihnen und Ihrem Hund erwirken können.

Vielleicht kennen wir uns bereits persönlich oder Sie folgen mir auf Social Media oder kennen mich aus dem TV. Vielleicht kennen wir uns auch noch gar nicht. Dann dies vorab: Wenn Sie nur lesen wollen, dass bereits alles prima ist mit Ihrem Hund, oder wenn Sie wie in so vielen anderen Büchern eine reine Abfolge von Trainingsanleitungen erwarten, dann nutzen Sie die Chance und legen Sie dieses Buch gleich wieder weg. Denn für mich ist dieses Buch eine Hommage an all die wunderbaren, verhaltensoriginellen, individuellen Charaktere, die mit uns zusammenleben – und deren Leben wir gestalten dürfen und müssen. Es geht um Qualität statt Quantität. Es geht um echtes Wissen und nicht um Ideologien. Es geht um Sie und Ihren Hund! Deshalb sind meine Anleitungen klar und transparent und niemals von oben herab. Das hat in der Bindungserfahrung zu Ihrem Hund und in Ihrer Beziehung zueinander nämlich rein gar nichts verloren. Emotionale Kommunikation beginnt mit einem Lächeln!

Ich möchte Sie mitnehmen in eine Welt, in die wir immer tiefer eintauchen dürfen, je mehr wir wissen und je mehr wir wissenschaftlich fundiert interpretieren können. »Mein Herz schlägt Hund« darf Sie entführen in eine Welt, in der sich Kompetenz mit Empathie vereint und in der Motivation und Leistung sich ergänzen. Ich werde Sie tief in mein Herz und meinen Kopf schauen lassen. Sie werden vielleicht ab und zu lächeln, vielleicht auch einmal weinen, vor allem aber werden Sie für Ihren eigenen Trainingsalltag profitieren.

»Ich wünsche mir, dass am Ende dieses Buches auch Ihr Herz noch mehr Hund schlägt.«

WIE EIN HUND MEIN LEBEN VERÄNDERTE

Als mein Hund Helmut bei mir einzog, dachte ich, ich wüsste eigentlich bereits genug über Hundetraining und Motivation und Feedback. Schließlich war ich lange Jahre Führungskraft und keiner meiner Hunde hatte mich bisher vor große Herausforderungen gestellt. Doch dann kam Helmut. Er war anders.

Helmut war sensibel und unglaublich nervtötend zugleich. Er hatte in wenigen Lebenswochen bereits mehr erlebt als der durchschnittliche Hund.

Helmut stammt aus einer amtlichen Beschlagnahmung. Er wurde illegal »gezüchtet« und wuchs mit seiner Mutterhündin und den Wurfgeschwistern in einem WC-Raum von knapp eineinhalb Quadratmetern auf. Mit etwa sechs Wochen wurden die Welpen beschlagnahmt und kamen ins Berliner Tierheim. Nur er und eins seiner Wurfgeschwister überlebten, so schlecht war die vermeintliche »Aufzucht«. Helmut hatte das Glück, dann schnell in eine Pflegestelle zu kommen. Aber für so einen jungen Hund war das bereits viel zu viel – und er wurde viel zu früh von der Mutterhündin getrennt. Als wir ihn übernehmen durften, zeigte er vieles, vor allem aber Stress. Er kam kaum zur Ruhe, fraß wirklich alles und schluckte es ab – ganze

Zimmerpflanzen, alles an Unrat – was irgendwie zerkau- und schluckbar war, schlang er herunter. Er war draußen massiv gestresst, und das über Monate und Jahre hinweg. Er hatte Furcht vor Händen, vor lauten Stimmen, vor Alkoholgeruch in Putzmitteln. Zwar zeigte er nie aggressives Verhalten, doch er war einfach ständig auf der Flucht. Drinnen wie draußen. Gleichzeitig war er sehr sensibel und reagierte auf die leisesten Emotionen. Jede neue Straße, jede neue Umgebung war schlichtweg zu viel für ihn. Im Training zeigte er sehr kurze Aufmerksamkeitsspannen, auch wenn er mit voller Begeisterung dabei war, insbesondere bei Tricks. Kurzum: Helmut war durch und durch ein gestresster Hund, der viel, viel zu lernen hatte – genauso wie ich.

Ich war verzweifelt und fand mich den ein oder anderen Tag weinend auf dem Sofa wieder, weil ich diesem Hund aus irgendwelchen Gründen einfach nicht gerecht werden konnte. Dabei wollte ich doch nur »helfen«. Also tat ich, was die meisten Hundebesitzer tun: Ich suchte einen Hundetrainer auf. Allerdings musste ich zuerst einmal jemanden finden, der uns überhaupt ins Training nahm. Denn die Standardabsage war: »Diese Rasse nehmen wir nicht.« Irgendwann fand ich endlich einen Trainer und einen Sportverein: Doch die Tipps, die ich dort bekam, zeigten nicht nur keinerlei Wirkung, sie waren sogar kontraproduktiv – und vor allem

Helmut hat mein Leben ganz schön auf den Kopf gestellt – wegen ihm bin ich heute Hundetrainerin. Dafür war er bis zu seiner »Rente« mein Trainingspartner auf vier Pfoten.

fühlten sie sich alles andere als gut an. Letztendlich ging es nur um »Dem musst du mal eine Grenze setzen« oder »Dann pack ihn dir mal ordentlich in die Seite, der veräppelt dich nur« und »Mit dem musst du viel, viel mehr machen«. Ich sollte unter anderem mit Ketten werfen und mit Wasser spritzen.
Nichts davon brachte mich weiter, im Gegenteil, ich hatte einen Hund, der sowieso schon Angst hatte vor Händen, dem mehr Spaziergänge nicht mehr Umweltsicherheit brachten, sondern zusätzlichen Stress bereiteten, und der trotz Ersthund namens Schmidt zu Hause unter massiver Trennungsangst litt. Wie hat sich das geäußert? Helmut lief und lief und lief – fast bis zur Erschöpfung. Er zeigte einzig und allein das Verhalten Flucht – weiter, immer weiter. Erst wenn er wieder in seiner gewohnten Umgebung war, wurde er ein wenig entspannter.
Sein Fell war überzogen mit Schuppen und er brauchte unzählige Kauartikel zum Stressabbau. Wenn er auch nur für fünf Minuten alleine bleiben sollte, suchte er sich Dinge, auf denen er herumkauen oder die er zerstören konnte, darunter zwei Sofas, diverse Fernbedienungen und ein Festnetztelefon. Irgendwann stieß ich auf das Video eines Zoos, in dem Tiger darauf trainiert wurden, auf ein rein optisches Signal ihr Maul so lange offen zu halten, bis man eine vollständige Zahnkontrolle durchgeführt hatte. Wildkatzen! Ohne Betäubung! Und das allein mit der Grundidee von positiver Verstärkung! Gewaltfrei! »Und ich soll meinen wenige Monate alten Hund drangsalieren?«, dachte ich in dem Moment nur – und beschloss, meine bisherige Karriere an den Nagel zu hängen, um selbst Hundetrainerin zu werden. Ich wollte diese Tiere besser verstehen und ihren Zweibeinern die Kommunikation mit und den Zugang zu ihnen erleichtern. Denn ich wusste: Da muss noch mehr gehen! Ich wollte ein Training, das auf mehr Verständnis, Wissen und Kompetenz basiert und auf mehr Empathie. Aus dieser Motivation heraus habe ich schließlich das KEML-Prinzip entwickelt (siehe Seite 11). Mittlerweile habe ich Tausenden von Mensch-Hund-Teams geholfen, sich gegenseitig zu verstehen und ohne Zwang, Angst und Strafe den gemeinsamen Weg zu finden.

Ich lade Sie ein, in eine für Sie vielleicht neue Art der Kommunikation mit Ihrem Hund zu treten und mit fundierten Plänen und guter Laune Ihren Hund genau dort abzuholen, wo er im Augenblick steht. Damit Sie endlich das Team werden, das Sie sich schon immer gewünscht haben.

Herzlich, Ihre

DAS KEML-PRINZIP – DIE SÄULEN MEINER ARBEIT

Das KEML-Prinzip definiert sich durch gewaltfreies Training, durch Respekt und Humor. Statt Schreckreize und Machtausübung, statt Wasserflasche, körperlichen Zwang und Raumbegrenzungen setzt es darauf, mit kompetenter Empathie die individuelle Motivation zu erkennen und in Leistung umzuwandeln. Alles, was es dazu braucht, ist der Wunsch, etwas zu verändern. KEML, das steht für …

K wie Kompetenz

… durch die zertifizierte IHK-Ausbildung, den Besuch zahlreicher internationaler Seminare und Fortbildungen, das ständige Studieren von Fachzeitschriften und Studienveröffentlichungen zum Thema Hund und, last but not least, mein Daily Business. Ich bin ständiges Mitglied in der ARGE Odorologie – die Arbeitsgemeinschaft rund um die Wissenschaft der Nasenleistung unserer Hunde. Die behördliche Anerkennung nach §11 Tierschutzgesetz und die behördliche Ernennung zur Sachverständigen des Landes Berlin für gefährliche Hunde und den Hundeführerschein runden mein Portfolio ab.

E wie Empathie

… und zwar für Mensch und (!) Hund. Die meisten meiner Klienten, egal ob Zwei- oder Vierbeiner, haben schon einiges erlebt und erfahren. Das hat sie geprägt und sie haben häufig einen hohen Leidensdruck. Empathisch gegenüber Hunden zu sein, bedeutet vor allem, Verständnis für das von ihnen gezeigte Verhalten aufzubringen. Eine Schlüsselformulierung lautet daher »Ein Hund zeigt ein Verhalten« – im Gegensatz zu »Ein Hund ist so oder so«.

M wie Motivation

…, denn sie ist die Grundlage, auf der wir das Training aufbauen, egal, ob sie dabei als soziale Motivation, Futtermotivation oder jagdliche Motivation daherkommt. Es geht aber genauso auch darum, meinen Klienten die nötige Motivation mitzugeben, die es braucht, um die Schritte Richtung Veränderung zu gehen und das Erreichte danach auch langfristig zu festigen. Motivation ist DER Beweggrund, also: einatmen, ausatmen, den Hund anlächeln und loslegen.

L wie Leistung

… die stets mit einem ersten Schritt beginnt und mit einem Ergebnis endet. Trotzdem ist Leistung immer individuell – und sie zeigt sich am schnellsten, wenn der Plan stimmt. Der Trainingsplan ist das Instrument, um jeden Schritt anzuleiten, nachzuvollziehen und leistbar zu machen.

DAS FUNDAMENT EINER HARMONISCHEN BEZIEHUNG

Viele Missverständnisse zwischen Menschen und Hunden entstehen nur deshalb, weil wir nicht so mit unseren Vierbeinern kommunizieren, dass sie uns auch verstehen können. Und das betrifft nicht nur den täglichen Spaziergang, sondern beginnt bereits viel früher …

»Aber ich habe doch nur draußen ein Problem, drinnen funktioniert alles eigentlich ganz gut.« Diesen Satz höre ich in meiner täglichen Praxis ständig und trotzdem mache ich gerne zuallererst einen Hausbesuch bei meinen Kunden. Denn meiner Erfahrung nach beginnen die meisten Missverständnisse bereits zu Hause. Allerdings muss ich Sie an dieser Stelle gleich mal vorab enttäuschen: Ich werde Ihnen nicht sagen, wer zuerst durch die Tür gehen muss oder zuerst zu Abend essen darf. Wenn es so einfach wäre, bräuchte es keine Hundetrainer oder -verhaltenstherapeuten. Allerdings hätten Sie dann auch keinen Hund, sondern eher einen Untergebenen, den Sie in überholter Tradition durch die Gegend scheuchen, wann immer es Ihnen passt.

TEAMARBEIT BEGINNT ZU HAUSE

Die Mehrzahl der Hundehalter beschäftigt die Erziehung drinnen nur zur Welpenzeit, wenn Themen wie Stubenreinheit, Alleine-zu-Hause-Bleiben oder Nichtsanknabbern oberste Priorität haben. Manche versuchen es in dieser Zeit vielleicht auch mit einem ersten »Sitz« oder »Platz«. Aber das war es dann meistens auch schon. Dabei könnte man den Alltag in den eigenen vier Wänden für so viel mehr nutzen – auch weil hier durchaus ein paar grundlegende Missverständnisse entstehen können, die das Zusammenleben unnötig erschweren.

Es beginnt damit, dass viele ihren Hund im Haus oder in der Wohnung so gut wie nie aus dem Blick lassen und seinen Namen inflationär oft gebrauchen, gerne in verschiedenen Tonlagen, weshalb er nur raten kann, was man eigentlich von ihm will. Beides kann drinnen keine großen Auswirkungen auf das Zusammenleben haben, draußen jedoch durchaus zum Problem werden. Warum? Wenn wir unsere Hunde nie richtig zur Ruhe kommen lassen und sie stattdessen den ganzen Tag mit Aufmerksamkeit und einem schier nicht enden wollenden Redeschwall überschütten, können wir nicht erwarten, dass sie draußen noch aufnahmefähig und schnell auf uns reagieren.

»Der Name Ihres Hundes wird Sie beide ein ganzes Hundeleben lang begleiten. Passen Sie also gut drauf auf.«

Hängen Sie sich zu Versuchszwecken doch mal ein leeres Blatt Papier an den Kühlschrank und machen Sie für jeden (wirklich jeden!) Blick, den Sie Ihrem Hund schenken, einen Strich darauf. Erschreckend, oder? Jeder dieser Blickkontakte, und sei er noch so liebevoll gemeint, ist aus der Sicht Ihres Hundes eine Gesprächsaufnahme. Und jetzt überlegen Sie mal ehrlich, wie oft Sie ihn danach ins Leere laufen lassen. Aha!
Lernen findet immer statt und wir senden die meiste Zeit über Signale, die das fördern oder behindern können. Fangen wir mit dem häufigsten an:

DER NAME: EIN WIRKSAMES SIGNAL

Eines der wichtigsten Signale, die Sie Ihrem Hund geben, jeden Tag unzählige Male, und das meist auch noch, ohne sich dessen bewusst zu sein, ist sein Name. Ein Thema, das zu Unrecht sehr stiefmütterlich behandelt wird. Der Name ist das wichtigste akustische Signal für uns und unseren Hund. Weiß Ihr Hund wirklich, wie er heißt? In den meisten Fällen würde ich auf Nein tippen. Das Problem: Wenn der Hund seinen Namen nicht wirklich kennt oder dieser nicht gut verknüpft wird, fehlt es draußen am Grundlegendsten: der Ansprache und Orientierung. Wir brauchen den Namen des Hundes für jede Situation – sei es für ein Stopp auf Entfernung, zum Beispiel an einer Straße, für eine erste Rückorientierung zu Ihnen in einer brenzligen Situation, für eine höfliche Deeskalation in Hundebegegnungen. Vor allem aber brauchen wir den Namen, um dem Hund nach der Ansprache mitteilen zu können, was wir als Nächstes von ihm möchten: die Seite wechseln, zu uns kommen, genau dort bleiben, wo er ist, und vieles mehr. Für all das müssen Sie den Namen bewusst einsetzen. Und das beginnt bereits im Haus.

Ein Hund, zehn Namen

Wie Sie Ihren Hund nennen, ist in vielen Mensch-Hund-Teams einer der zentralen Fehler in der Kommunikation. Das können Sie sich nicht vorstellen? Dann schreiben Sie doch einmal auf, wie viele Namen Ihr Hund so hat. Also, ich kann Ihnen sagen, bei meinem Helmut komme ich locker auf zehn: Helmut, Schatzi, Arschi, Na-mein-Schatz, Schelmchen, Helmchen, Nee, Lord Helmchen, Maus, Herzchen – und ich habe bestimmt noch einige, die mir gerade nur nicht einfallen. Als Welpe und in den Pubertätsphasen kamen häufig noch Namen dazu wie Nein-Helmut, Aus-Helmut, Komm-Helmut und Pfui-Helmut. Kommt Ihnen das auch bekannt vor? Sehr gut, dann sind Sie ein ganz normaler Hundebesitzer. Alles in Ordnung. Aber sprechen wir doch mal darüber, was der Name eigentlich sein sollte: ein Aufmerksamkeitssignal. Man möchte, wenn man ihn ausspricht, die volle Aufmerksamkeit seines Hundes haben – egal, wo er gerade ist, was er gerade tut oder was

KOMMANDO ODER SIGNAL – WO IST DER UNTERSCHIED?

Wenn man im Duden nachschaut, ist es ganz einfach: Ein Kommando, steht dort, ist »ein kurzer [in seinem Wortlaut festgelegter, militärischer] Befehl«, das Signal dagegen ein »[optisches oder akustisches] Zeichen mit einer bestimmten Bedeutung«.

Und vermutlich merken Sie bereits beim Lesen, dass es einen Unterschied macht, ob ich über Kommandos spreche oder über Signale, die mit einer Bedeutung verknüpft wurden. Vielleicht empfinden Sie das aber auch als etwas spitzfindig. Doch mir ist dieser Unterschied sehr wichtig. Schließlich haben wir es bei Menschen und Hunden mit sozialen Lebewesen zu tun und da kann schon der Körper ein Signal sein. Denken Sie nur mal an ein einfaches Verhalten wie »Sitz«. Das bedeutet: »Senke deinen Po auf die Erde und lass die Vorderpfoten stehen.« Die meisten Menschen trainieren dies frontal mit Gesicht zum Hund, gerne mit erhobenem Zeigefinger und dem Wort »Sitz«. Streng genommen ist laut Definition hier das Wort »Sitz« das Kommando. Aber ist es auch das Signal, das der Hund verknüpft hat? Das lässt sich genau überprüfen: Lassen Sie den Finger weg und sagen Sie nur »Sitz«. Klappt? Super! Dann drehen Sie sich doch mal mit dem Rücken zum Hund und sagen wieder »Sitz«. Klappt nicht? Dann ist Ihre frontale Stellung zum Hund Teil des derzeit verknüpften Signals.

er gerade anschaut. Denn wenn das gelingt, braucht es im Anschluss für alles andere viel weniger Signale. (Ich verwende hier ganz bewusst nicht das Wort Kommando – zum einen, weil es den Gesetzen der Lerntheorie widerspricht, und zum anderen, weil ich kein Oberstleutnant bin, der Gehorsam und Disziplin fordert, sondern ich mit meinem Hund einen Sozialpartner habe, mit dem ich gemeinsam durchs Leben gehen und kommunizieren möchte.)

»Hunde lernen ihren Namen dann am schnellsten, wenn er ihnen zuverlässig etwas Gutes ankündigt.«

Positive Verknüpfungen schaffen

Der Name ist in der akustischen Kommunikation mit einem Hund das zentralste Signal. Das Wichtigste dabei ist, dass er grundsätzlich etwas Positives ankündigen sollte. Auf diese Weise legen Sie den Grundstein für eine gute Ansprache – drinnen wie draußen. Und genau das können Sie üben und so jederzeit auch neu trainieren beziehungsweise neu aufbauen:

Sagen Sie den Namen Ihres Hundes …

› … und geben Sie ihm dann sofort ein Leckerli (Leckerli bedeutet für mich immer eine Futterbelohnung, diese sollte klein und gut schluckbar sein).

› …, wenn er auf Sie zurennt (ein Leckerli, wenn er bei Ihnen ankommt, schadet übrigens nie).

› …, wenn er Sie zufällig anschaut.

› … immer mit vergnügter Stimme und freundlichem Gesicht. Ich würde mal sagen, dass das mit das Wichtigste ist. Denn Fakt ist: Optik geht in der Kommunikation mit Ihrem Hund immer vor Akustik.

Wenn Sie am Ball bleiben, lernt Ihr Hund so ganz schnell, dass es sich lohnt, auf Ihre Ansprache prompt zu reagieren. Unsere Vierbeiner sind schließlich immer bestrebt, ihren eigenen Zustand zu verbessern. Diese Tatsache sollten Sie unbedingt für Ihr Training nutzen.

Was man auch bedenken darf: Viele Hunde haben ihren Namen zwar irgendwann gelernt, aber im Laufe der Zeit verwässert sich seine Bedeutung – ich erinnere nur an meine zig Namen für Helmut. Belohnen Sie Ihren Hund also ruhig alle paar Tage, wenn er prompt auf seinen Namen reagiert. Das hilft.

Zum Abschluss noch eine kurze Übung für Sie:

☞ Versuchen Sie die nächsten zwei Tage Ihren Hund ausschließlich mit seinem Namen anzusprechen, wenn Sie wirklich etwas von ihm möchten.

☞ Und dann ziehen Sie ein Fazit: Wie oft ist Ihnen das gelungen?

Hunde verstehen sich ohne große Worte. Sind die Positionen geklärt, kann jeder seines Weges gehen.

Für so ein friedliches Miteinander brauchen sie von uns allerdings Ruhe, Klarheit und Sicherheit.

DIE MACHT DER BLICKE

Dass in der Signalwahrnehmung und -ausführung zwischen Hund und Mensch die Optik vor der Akustik bewertet wird, wird besonders schnell deutlich, wenn Sie Ihren Vierbeiner einfach mal in der Kommunikation mit seinen Artgenossen beobachten. Zwei oder mehr Hunde laufen nämlich nicht die ganze Zeit bellend oder Laut gebend umeinander herum. Vielmehr beobachten sie sich vorwiegend leise, zeigen Zunge oder Zähne und setzen ihre Mimik oder gleich den ganzen Körper ein, um sich zu »besprechen«.

Aus diesem Grund ist nicht nur der Name des Hundes beziehungsweise sein Gebrauch von entscheidender Bedeutung, was die Aufmerksamkeit des Vierbeiners angeht, sondern auch jeder Blickkontakt. Schließlich kommunizieren wir darüber genauso wie über die Sprache – jede Kommunikationsaufnahme beginnt mit einem Blick. Wenn wir uns draußen mehr Ansprechbarkeit wünschen, sollten wir drinnen auch diesbezüglich »leiser« werden. Leiser im Sinne der hündischen Kommunikation.

Kleiner Exkurs: Ich habe zwei imaginäre Verwandte, sie heißen Onkel Bernd und Tante Hildegard. In meiner Fantasie sehen sie aus wie das Pärchen in Loriots »Pappa ante Portas« – in der Szene im Zug, in der sie beschwören, wie »einig« man sich stets sei. Sie wissen schon …

Onkel Bernd und Tante Hildegard zählen zu den Menschen, die man im Bus, in der Bahn oder auf einer Familienfeier trifft. Und wenn man sie einmal kennengelernt hat, sieht man bei der nächsten Gelegenheit zu, dass man möglichst viel Abstand zu ihnen einhält. Denn Onkel Bernd und Tante Hildegard sind mit anderen Menschen häufig so wie wir zu unseren Hunden.

Stellen Sie sich folgende Situation vor: Sie sitzen am Tisch, rechts von Ihnen sitzt Onkel Bernd und links von Ihnen Tante Hildegard. Sie möchten sich mit Ihrem Gegenüber unterhalten. Doch von links redet Tante Hildegard ohne Unterlass auf Sie ein und von rechts gibt Onkel Bernd seinen Senf dazu. Und damit nicht genug! Mit jedem halben Satz tippen die beiden ihnen auch noch den Zeigefinger in den Oberarmmuskel – mal pikst es von links, mal von rechts. Wie lange halten Sie diese Situation wohl aus, bis Sie entweder aufstehen und den Platz wechseln oder die Feier unter irgendeinem Vorwand frühzeitig verlassen – um sich bei der nächsten Familienfeier vorher dreimal zu überlegen, ob Sie die Einladung annehmen?

Aber zurück zu den Hunden. Weil sie auch über Blickkontakt kommunizieren, sind wir die nervigen Verwandten, die sie unbewusst immer wieder mit dem ausgetreckten Finger in die Schulter tippen, um am Ende doch nichts von ihnen zu wollen. Oder anders gesagt: Unsere ständigen Blicke sind wie die Fingerstupser von Onkel Bernd und Tante Hildegard.

Denken Sie an die Strichliste: Wie oft schauen Sie Ihren Hund drinnen an, ohne etwas von ihm zu wollen? Und jetzt fragen Sie sich: Möchte ich wirklich Onkel Bernd oder Tante Hildegard sein – und bleiben? Nein? Gut, denn Sie brauchen später draußen die volle Aufmerksamkeit Ihres Hundes – und die beginnt zu Hause.

☞ Gerade am Anfang fällt es vielen Hundehaltern schwer, das eben Gesagte umzusetzen. Wenn Sie anfangen wollen, Ihren Hund weniger zu »nerven«, schauen Sie einfach häufiger mal an die Zimmerdecke. Das hat übrigens nichts mit dem Thema »Ignorieren« zu tun, sondern wird lediglich dazu führen, dass Ihr Hund versteht: Blickkontakt heißt: »Mein Mensch möchte wirklich etwas von mir und geht mit mir ins Gespräch. Kein Blickkontakt bedeutet, dass ich Pause habe und mich entspannen kann.«

OFT UNTERSCHÄTZT: DER RUHEPLATZ

Zum Thema Entspannung gehört auch der Liegeplatz des Hundes. Und hier zuallererst: Es ist in den meisten Fällen nicht wichtig, ob Ihr Hund aufs Sofa oder ins Bett darf. Ja, es gibt durchaus individuelle Fälle, wo ich aus professioneller Sicht sagen muss: »Dieser Hund darf nicht mehr aufs Sofa oder aufs Bett« – und zwar immer dann, wenn der Mensch seinen Hund von dort nicht runterschicken kann, wenn der Hund seinen Liegeplatz verteidigt oder wenn er Menschen auf dem Sofa verteidigt (oft gegen andere Familienmitglieder). In solchen Fällen muss ich als Profi einschreiten und neue Regeln für das Zusammenleben aufstellen. Der Hund hat aber nicht automatisch mehr Achtung für Sie, wenn Sie »erhöht« sitzen oder Ähnliches. Auch wenn man das immer wieder liest.

Ein fester Liegeplatz ist für Ihren Hund von großer Bedeutung, weil es enorm wichtig ist, dass er sich mindestens 16 Stunden am Tag – ein Welpe sogar 18–22 Stunden – entspannen kann und sich ausruhen darf. (Ganz nebenbei vermutet man, dass es auch einen Zusammenhang gibt zwischen genug Ruhephasen und der Langlebigkeit unserer Hunde.) Eine wichtige Rolle spielt in diesem Zusammenhang das Stresshormon Cortisol. Man weiß mittlerweile aus zahlreichen Studien, dass Hunde, die im Schnitt zwei Stunden aktiv arbeiten oder trainieren, entsprechend längere Ruhephasen benötigen, damit sich die Hormone wieder regulieren und der Cortisolspiegel wieder sinkt.

Das gemeinsame Ruhen oder Sichausruhen hat, was viele nicht wissen, auch einen signifikanten Einfluss auf die Bindung. Denn ein ausgeruhter Hund kann sich voll und ganz auf die gemeinsame Interaktion mit seinem Menschen konzentrieren. Und dann ist da noch das für beide Seiten so wichtige »Bindungshormon« Oxytocin. Es ist gewissermaßen der Gegenspieler des Cortisols und kann seine Wirkung nur dann entfalten, wenn dessen Spiegel flach genug ist. Ist das Stresslevel da-

Vermutlich das am meisten unterschätzte Hilfsmittel bei der Erziehung: der Ruheplatz. Doch nur ein ausgeruhter und entspannter Hund kann sich auch aufs Lernen konzentrieren.

gegen zu hoch, was sich übrigens nicht unbedingt immer durch Unruhe zeigen muss, sondern sich sehr oft auch durch häufiges Lefzenlecken, Blickvermeidung und (Achtung, häufige Quelle der Fehlinterpretation) Schwanzwedeln äußert, dümpelt der Oxytocinspiegel irgendwo im untersten Bereich vor sich hin.

Bereit für Entspannung

Wie sieht er denn nun aus, der ideale Liegeplatz? In erster Linie sollte er individuell gestaltet sein. Das heißt: Ist Ihr Hund ein bequemer Zeitgenosse und liegt er gerne weich, wählen Sie einen entsprechenden Korb oder ein entsprechendes Polster. Liegt Ihr Hund lieber auf den kühlen Fliesen, dann markieren Sie dort einen Bereich für ihn, zum Beispiel mit einem Kuscheltier oder einer kleinen Klebemarkierung auf dem Boden – so tut er sich am Anfang mit dem Ruheplatz- beziehungsweise Deckentraining leichter. (Hier gilt: Je eindeutiger Sie den Bereich der Ruhezone festlegen, desto einfacher wird es für Mensch und Hund, sie anzuerkennen.) Einige Hunde bevorzugen auch eine sichere Höhle, also eine Stoff- oder Plastikbox. Bitte lassen Sie bei diesen aber die Tür stets offen. Alles andere ist, mit Ausnahme des Transports, tierschutzrelevant.

Machen Sie es Ihrem Hund bequem und schön. Dazu gehört vor allem auch, dass sein Liegeplatz eine Tabuzone ist für jeden, der nicht zum Haushalt gehört. In diesem Fall dürfen Sie gerne zu »Hundehelikopter-Besitzern« werden und Ihren Hund vor »fremden« Einflüssen beschützen. Der Liegeplatz Ihres Hundes soll nämlich nicht nur Ruheort, sondern auch Rückzugsort sein. Ihr Hund muss und soll »sagen« dürfen, wenn er eine Pause braucht. Sie vermeiden damit von Beginn an, dass er sich eine Arbeitsaufgabe sucht, die sich später nur schwer korrigieren lässt: das Hüten beziehungsweise Stalken von Ihnen und Ihrer Familie (das betrifft, das möchte ich an dieser Stelle betonen, nicht nur ausgesprochene Hütehunde, sondern alle Rassen). Ihr Hund darf lernen, dass er nicht immer dran ist und sich nicht zum Workaholic entwickeln muss. Lassen Sie mich aber ergänzen, dass dies nicht bedeutet, dass Ihr Hund nicht mit Ihnen kuscheln darf oder sich Streicheleinheiten abholen darf.

Wenn Ihr Hund seine Ruhe haben will, darf er sich also von sich aus auf seinen Platz zurückziehen – und soll dort dann nicht gestört werden. Insbesondere in Haushalten mit Kindern ist ein sicherer Rückzugsort für den Hund wichtig. Die »Bitte-nicht-stören-Regel« gilt deswegen für alle Familienmitglieder, auch für die Jüngsten.

Glauben Sie mir: Der sichere Platz wird Sie auch im Büro (ich etabliere diese sicheren Plätze auch in jedem Unternehmen, das ich zum Thema Bürohunde berate), bei Restaurantbesuchen oder an jedem anderen Ort unterstützen, an den Sie Ihren Hund mitnehmen möchten. Keine Sorge: Sie müssen später dafür nicht immer das

Körbchen mitschleppen. Ganz wichtig ist auch dort: Wenn Ihr Hund von anderen Menschen begrüßt werden darf (ja, genau, das entscheiden Sie selbst, ob andere Menschen das dürfen!), holen Sie ihn bitte immer bewusst von seiner Decke oder seinem Kissen. Der Ruheplatz soll immer und überall der sichere Platz sein, an dem der Hund nicht gestört wird. Das ist Ihre Verantwortung.

Training: Sicherer Platz

Das brauchen Sie: Fleecedecke in Größe des Hundes, einige kleine gut schluckbare Kekse, eventuell Geschirr oder Halsband und eine kleine Hausleine (maximal 30 cm lang ohne Schlaufe)

1. Legen Sie Ihrem Hund das Geschirr beziehungsweise Halsband an und knipsen Sie die Hausleine daran.
2. Legen Sie einen festen Platz für Ihren Hund fest. Ich kombiniere das am Anfang gerne mit einer kleinen Fleecedecke, die ich auf den Liegeplatz lege (diese kann ich nämlich später überall mit hinnehmen und der Hund kennt sie dann schon als Signal). Legen Sie die Decke aus. (1)
3. Werfen Sie bereits aus 1–2 Metern einen kleinen Keks darauf. In dem Moment, in dem Ihr Hund auf die Decke läuft und mit allen Pfoten darauf-

1

2

steht, loben Sie ihn, sagen gleichzeitig »Decke« und er darf die Leckerlis fressen. (2)

4. Damit die Decke zum Signal wird, sprich der Hund am Ende automatisch daraufgeht und sich zur Ruhe legt, werfen Sie einen Keks weg vom Liegeplatz, sodass Ihr Hund aufstehen muss. (3)
5. Nehmen Sie die Decke dann kurz wieder hoch und legen Sie sie erneut aus. Ihr Hund wird sich sehr wahrscheinlich in freudvoller Erwartung wieder darauflaufen. Tut er dies, legen Sie sofort einen Keks auf die Decke. Der Hund darf ihn fressen und dann geben Sie noch zusätzlich Ihr »Platz«-Signal, gefolgt von einem »Pause« hinterher. Legt sich der Hund ins »Platz« (falls Ihr Hund das noch nicht kann: Ich erkläre Ihnen gleich, wie er es lernt, siehe Seite 26 f.), füttern Sie ihn in der Position mit weiteren Leckerlis. (4)
   Achtung: Einige Hunde versuchen, dem Keks »entgegenzukommen«, sprich das »Platz« eigenständig aufzulösen. Seien Sie hier bitte pingelig: Im Positionstraining wird immer auch in der jeweiligen Position gefüttert. Anderenfalls belohnen beziehungsweise verstärken Sie aus Versehen das »Aufstehen« – und das ist nicht zielführend.
6. Wiederholen Sie das Ganze maximal 5- bis 10-mal direkt hintereinander.

Hat der Hund erst mal gelernt, dass »Platz« und »Pause« Ausruhen und Nichtstun bedeuten, wird er genau das auch genießen und sich bei Bedarf selbst auf seine Decke zurückziehen.

Wichtig: Jedes »Decke« wird dabei nur einmal ausgesprochen, sonst bauen Sie eine sogenannte Signalbrücke und sind im Nu in einer »Decke-Platz-Decke-Platz«-Dauerschleife. Ihr Hund soll aber möglichst schnell lernen: Decke bedeutet Sicherheit, Ruhe und Entspannung.

Und jetzt wird es richtig wichtig: Sie bauen bitte beim Deckentraining SOFORT den Blickkontakt zu Ihrem Hund ab. Gucken Sie ihn nicht an, sondern über ihn hinweg oder zur Seite. Schauen Sie irgendwohin, nur nicht auf ihn. Nutzen Sie, wenn Sie sich wegdrehen, die Selfiefunktion Ihres Handys, um sich nicht umdrehen zu müssen. Sie erinnern sich: Kein Blickkontakt bedeutet für den Hund: »Ich habe Pause und kann mich entspannen.«

Training: Liegen bleiben

Ihr Hund läuft jetzt zuverlässig auf die Decke, wenn Sie sie ausbreiten, bleibt aber noch nicht lange liegen? Ich bin keine Freundin davon, die Liegeplatzdauer mit Leckerlis zu erhöhen, denn wenn Ihr Hund dem Futter eher zugeneigt ist (so wie mein Helmut zum Beispiel), halten Sie ihn damit in einer permanenten Erwartungshaltung. Aus diesem Grund baue ich beim Deckentraining nach den ersten zehn Durchläufen die Leckerlis sofort ab. Und hier kommt jetzt die Hausleine ins Spiel.

1. Sie hören meist auch ohne Handy durch die Krallengeräusche oder Bewegungsgeräusche, wenn sich Ihr Hund von seiner Decke wegbewegt. Stehen Sie dann bewusst vollkommen ruhig und gelangweilt mit hängenden Schultern und ohne ein Wort zu sagen auf oder gehen Sie zurück, sobald Ihr Hund aufsteht, greifen Sie – weiter, ohne Blickkontakt aufzunehmen – nach der Hausleine und führen Sie Ihren Hund ohne Druck und ohne Zug zurück zu seinem Platz.
2. Am Platz angekommen geben Sie ihm ein erneutes »Platz« und »Pause« mit, warten kurz, bis er sich abermals abgelegt hat, und gehen dann wieder.

Wichtig: Das erneute Hinlegen bitte nicht loben oder füttern. Ihr Hund wird sonst eine schöne Perlenkette an Verhaltensabläufen bilden (»Ah, ich soll erst Platz machen, dann wieder aufstehen, dann wieder hingehen und wieder Platz machen und dann bekomme ich meinen Keks«). Diese Verhaltensketten brauchen wir an anderer Stelle zwar auch noch, wenn es zum Beispiel ums Apportieren, den Rückruf oder die Leinenführigkeit geht, aber bitte nicht beim Deckentraining.

Ich gebe zu: Es kann am Anfang etwas herausfordernd sein, immer wieder hinzugehen und den Hund sanft und durch die Leine, aber ohne echten »Kontakt« zu seinem Platz zurückzuführen. Aber Sie werden sehen, dass dieses »Spiel« auch dem Hund ziemlich schnell zu nervig wird. Und schon klappt's.

AUF DEN PUNKT

Hunde benutzen zur Verständigung untereinander in erster Linie ihre Körpersprache, Mimik und Laute. Welpen sind also von Natur aus bestens darauf eingestellt, sich an unserer Körpersprache zu orientieren. Im Gegensatz zum Menschen besitzen sie jedoch kein Sprachzentrum – ältere Hunde übrigens auch nicht. Deshalb ist der direkteste Weg, Information an einen Hund weiterzugeben, die Körpersprache. Zeigen Sie ihm, was Sie wollen. Was Sie mit einzelnen bestimmten Worten meinen, kann Ihr Hund am leichtesten lernen, wenn Sie kurze, eindeutige Wörter verwenden – keine Sätze – und immer dasselbe Wort für ein und dieselbe Handlung benutzen. Da das Pensum groß ist, fangen Sie am besten gleich an. Allerdings sollten Sie den Hund auch nicht überfordern. Mehrmals täglich fünf Minuten gezielt üben ist besser als einmal eine halbe Stunde am Stück. Ganz wichtig: Das Ganze soll allen Beteiligten Spaß machen.

Training: »Platz«

Kurzer Einschub für alle, deren Hunde noch kein »Platz« können: »Platz« bedeutet, dass sich Ihr Hund auf Sichtzeichen sofort hinlegt und auch liegen bleibt, bis er ein neues Signal erhält. Bitte verwechseln Sie hier aber nicht den »Sicheren Platz« als Liege- und Ruheort mit der Position »Platz«. Sie können beides kombinieren oder getrennt voneinander üben.

Noch zwei Dinge: Üben Sie »Platz« an verschiedenen Orten und auf verschiedenen Untergründen, damit Ihr Hund es nicht nur mit einem bestimmten Platz verknüpft und später nirgendwo ein Problem damit hat. Und vergessen Sie nicht das Auflösesignal am Schluss, wie ein »Okay«. Denn wenn das Signal richtig gut trainiert wird, wartet Ihr Hund sonst möglicherweise Stunden darauf, dass er sich aus der Position erheben darf. Das wollen wir ja auch nicht.

1. Nehmen Sie einen Keks und legen Sie ihn mit der flachen Hand so auf den Boden, dass Ihre Hand schützend darüberbleibt. (1) Ihr Hund wird versuchen, an den Keks zu kommen. Warten Sie ab! Irgendwann wird er auf die Idee kommen, sich hinzulegen – und dann geben Sie den Keks frei. (2)
2. Wenn das klappt, arbeiten Sie mit einem »Luftleckerli«, das heißt, Sie machen die gleiche Handbewegung wie vorher, nur ohne einen Keks. Beginnt

Ihr Hund sich abzulegen, geben Sie in diese Bewegung Ihr »Platz« mit hinein. Liegt Ihr Hund, geben Sie »unten« einen Keks zur Belohnung. Die Belohnung sollte dabei hochwertiger sein als das Lockmittel. (Was tun, wenn der Hund das nicht macht? Dann setzen Sie sich auf den Boden, winkeln ein Bein so an, dass er gerade noch darunter durchpasst, und locken ihn mit einem Keks so unter dem Bein hindurch, dass er sich dabei ablegen muss. Genau an dieser Position geben Sie Ihr »Platz« dazu und den Keks frei.) (3)

3. Nach einigen Durchgängen sollte gar kein Leckerchen mehr in der Lockhand sein. Jetzt wird die Hand alleine zum Signal.
4. Gehen Sie in die Hocke und legen Sie dem Hund das Leckerli nun zwischen die Vorderbeine (er soll sich Richtung Boden orientieren, nicht der Hand folgen). Stehen Sie zwischen den einzelnen Stückchen immer wieder auf, um die eigene aufrechte Position gleich mit zu verknüpfen. Steht der Hund auch auf, war der Belohnungstakt zu gering. In diesem Fall müssen Sie für längeres Liegen öfter und schneller belohnen und dürfen erst dann wieder größere Abstände wählen, wenn die Übung gut gelingt.
5. Geben Sie das Sichtzeichen nach und nach in immer aufrechterer Position, indem Sie sich langsam aus der Hocke in die Senkrechte vorarbeiten. (4)

3

4

Die Kombination von »Platz« und »Pause«

Vielleicht fragen Sie sich, warum ich »Platz« und »Pause« kombiniere? »Platz« ist nach meiner Definition ein Signal, bei dem sich mein Hund, egal, wo er gerade ist, mit allen vieren ablegt und auf mein nächstes Signal wartet – egal, was um ihn herum gerade passiert. Das »Pause« bedeutet dann zusätzlich, dass er sich einrollen kann, auf die Seite legen oder Ähnliches. Dass er die Aufmerksamkeit nicht wie beispielsweise beim »Platz« aus dem Laufen heraus weiter halten muss, sondern eben Pause hat. Diese kleinschrittige Unterscheidung garantiert eine eindeutige Kommunikation mit dem Hund und ermöglicht es Ihnen zudem, Ihren Hund überall recht schnell in die Entspannung schicken zu können.
Wenn Sie den Hund dann zum Kuscheln, Spielen oder zum Spazierengehen ansprechen und er aufsteht, heben Sie die Decke gleich hoch und legen sie weg.

KLINGELALARM!

»Mein Hund liegt da zwar, aber wenn es klingelt, bleibt er das nicht«, höre ich oft. Kommt Ihnen diese Situation bekannt vor? Ein beliebter Trainingsvorschlag lautet ja: Den Hund zurück auf den Platz schicken und erst zur Tür gehen, wenn er ruhig liegen bleibt. Aus meiner Erfahrung kann das allerdings kaum jemand umsetzen – erst recht nicht, wenn man zum Beispiel gerade im Homeoffice am Telefon hängt, wenn der Postbote klingelt (der übrigens auch selten Zeit hat zu warten, während wir auf unseren Hund warten). Also habe ich das Training umgeschrieben – und wir machen nebenbei einen kleinen Ausflug in die Lerntheorie. Nehmen wir dazu »Das Klingeln« mal auseinander:

› **Das erlebe ich oft bei meinen Klienten:** Ich klingele, der Hund bellt wie verrückt und ich kann kaum den Flur betreten, geschweige denn meine Kunden erst mal in Ruhe begrüßen.

› **Das wünschen sich viele Hundebesitzer:** Es klingelt und sie können ganz in Ruhe zur Tür gehen, Pakete entgegennehmen oder Besucher empfangen (oder mich), während der Hund entspannt und ruhig in seinem Körbchen oder auf seinem Platz liegt. Heißt: Es herrscht wenig Aufregung. Das Gute: Mit diesem Wunsch haben sie auf jeden Fall schon ein ganz klares Trainingsziel definiert. Damit ist ein wichtiger Teil des Trainings erfüllt!

› **Ich wünsche mir das Endverhalten so:** Es klingelt, der Hund geht auf seinen Liegeplatz und wartet entspannt ab, bis entweder eine Freigabe erfolgt oder er ein neues Signal erhält – ganz egal, ob es nur der Paketbote war oder Besuch gekommen ist.

Das wäre zu schön, oder? Die gute Nachricht: Das ist trainierbar – vorausgesetzt, Sie wissen, was Sie tun.

POSITIVE ZIELE

Die positive Formulierung eines Trainingsziels ist entscheidend, denn wir können kein »Nein« oder »Nicht« trainieren. Beides sind Formulierungen, die auch in unserem Gehirn destruktiv funktionieren. Sie erreichen viel leichter und schneller, was Sie wollen, wenn Sie sich bei allem, was Sie sich von Ihrem Hund wünschen, auf ein eindeutig formuliertes Verhalten konzentrieren. Denn damit haben Sie sich ein Ziel formuliert und gesetzt, auf das Sie aktiv hinarbeiten können. Wünschen Sie sich also nicht, dass Ihr Hund nicht mehr an der Leine zieht, sondern dass er entspannt mit seiner Schulter auf Höhe Ihres Beins an der Leine läuft. Und dann nehmen Sie es in Angriff!

Training: Ruhig bleiben beim Klingeln

Gehen wir jetzt an die Umsetzung und schauen, wie das Ganze funktioniert. Die Decke ist das bisherige optische Signal, also das, was der Hund sieht. Jetzt möchten Sie die Klingel beziehungsweise deren Ton als neues akustisches Signal aufbauen für »Geh auf deine Decke«. In der Lerntheorie sagt man dazu: Wir haben ein »neues« Signal (Klingel) vor einem »alten« Signal (Decke) – man setzt immer das neue Signal vor das alte. Der zeitliche Abstand zwischen beiden Signalen sollte dabei nur etwa eine halbe bis eine Sekunde betragen, damit im Hundegehirn eine neue Verknüpfung stattfinden kann.

1. Nehmen Sie den Ton Ihrer Klingel mithilfe der Diktierfunktion auf Ihrem Handy auf. Halten Sie die Decke bereit, spielen Sie den Klingelton ab und breiten Sie dann sofort die Decke aus. Geht der Hund auf die Decke, loben Sie ihn und er bekommt einen Keks. (Zwischenschritt: Sollte Ihr Hund sich nicht gleich im ersten Schritt auf die Decke begeben, werfen Sie bitte 5- bis 10-mal hintereinander einen Keks auf die Decke, damit Sie hier die erste Verknüpfung schaffen: Klingel – Decke – lohnt sich.)
2. Wiederholen Sie dies einige Male und verändern Sie dann Ihre Position und Ihre Entfernung zur Decke. Damit wird gewährleistet, dass Ihr Hund auch wirklich den Klingelton verknüpft und nicht etwa, dass Sie nah bei der Decke stehen.

Bitte üben Sie dies mindestens in einem Verhältnis von 10:1. Das heißt: Auf mindestens 10-maliges Trainieren mit dem aufgenommenen Klingelton kommt einmal die »echte« Klingel. Wie Sie das steuern können? Eine berechtigte Frage! Ich organisiere es so: Freunde, Familie und Besuch rufen mich die ersten Wochen lediglich an, wenn sie an der Tür sind. Post- und Paketboten bekommen eine Abstellgenehmigung – und schon habe ich eine perfekt manipulierte Trainingsumgebung. Im Laufe der Trainingsdurchgänge gehen Sie zudem immer wieder auch zur Wohnungs- beziehungsweiseHaustür und öffnen diese. Sprechen Sie ein paar Worte ins Nichts, sagen Sie auch freudig »Hallo« oder »Guten Tag« oder bauen Sie die Gegensprechanlange mit ein.

»Juckt mich doch nicht, wenn es klingelt.« Damit ein Hund in so gut wie allen Lebenslagen entspannt liegen bleiben kann, braucht er viel Unterstützung.

Wenn Ihr Hund noch nicht gut genug auf der Decke bleibt, holen Sie sich Unterstützung: Bitten Sie ein Familienmitglied oder einen Freund, den Hund an der Decke zu loben, sobald Sie sich entfernen. Alternativ legen Sie die Decke so hin, dass Sie dem Hund auf (!) seiner Decke einen Keks zuwerfen können, während Sie zur Haustür gehen. Seien Sie hier nicht zu sparsam. Sie dürfen gerne ein Kekschen nach dem anderen verteilen, wenn er dadurch schön liegen bleibt.

Eine Bitte habe ich aber noch: Seien Sie nicht überehrgeizig. Je nachdem, wie lange Ihr Hund vorher »gelernt« hat, dass Klingeln Aufregung bedeutet, dauert es auch dementsprechend, um dieses Verhalten umzulenken beziehungsweise das neue Verhalten mit dem neu aufgebauten Signal zu verknüpfen. Hunde sind genauso Gewohnheitstiere wie wir und brauchen Zeit für Veränderung.

WOMÖGLICH MAL LEBENSRETTEND: DINGE AUSGEBEN

Spielzeug, stibitzte »Trophäen« oder ein doch mal vom Tisch gestohlenes Brötchen: Weil Hunde sogenannte Beutegreifer sind, ist es aus ihrer Sicht vollkommen natürlich, Dinge, die sie im Maul halten, nicht wieder herzugeben. Deswegen müssen wir es ihnen beibringen.

»Aus« ist meiner Erfahrung nach eines der unterschätztesten Signale im Zusammenleben mit dem Hund. Ich persönlich liebe es! Denn mit Spaß und Freude auftrainiert, kann dieses Signal eine echte Freude für beide bedeuten und draußen bei der Aufnahme von womöglich Verdorbenem oder Giftigem Leben retten (und zu Hause den ein oder anderen Lieblingsschuh). Helmut bringt mir zum Beispiel gerne Spielzeuge und wartet auf das »Aus« und die anschließende Freigabe, nur um es dann erneut zu nehmen und wieder auf das »Aus« zu warten. Freigabe bedeutet zum Beispiel ein »Okay« oder »Nimm es«. Damit geben Sie dem Hund die finale Rückmeldung: »Du darfst das wieder ins Maul nehmen.«

Um zu vermeiden, dass Ihr Hund in Eile etwas abschluckt oder aggressives Verhalten zeigt, beginnen Sie mit dem »Aus«-Training im Idealfall bereits im Welpenalter, zumal sich dann ganz automatisch viele Trainingsmöglichkeiten anbieten, weil junge Hunde ihre Umwelt unter anderem mit dem Maul erkunden.

Ganz wichtig: Es ist essenziell, dass Sie hier ausschließlich positiv arbeiten. Schließlich möchten Sie Ihren Hund darauf konditionieren, dass er beim Signal »Aus« sofort sein Maul öffnet. Im »Aus« trainieren Sie also quasi einen Reflex. Daher lautet das Trainingsziel in diesem Fall genau formuliert: Auf das akustische Signal »Aus« öffnet der Hund umgehend sein Maul. Mehr nicht.

Ich kann förmlich hören, wie Sie jetzt denken: »So einfach soll das sein? Das kann ja gar nicht klappen.« Aber versuchen Sie es.

Training: »Aus«

Das brauchen Sie: einige wirklich gute Kekse, weich und gut schluckbar, sowie einen Gegenstand, den Ihr Hund gerne ins Maul nimmt (er sollte nicht zu attraktiv sein und so groß, dass Sie ihn mit der ganzen Hand gut fassen können)

1. Präsentieren Sie Ihrem Hund den Gegenstand. Nimmt er ihn ins Maul, holen Sie einen Keks hervor und halten diesen direkt an die Nase Ihres Hundes. Jetzt ist Ihr Timing gefragt. Denn genau in dem Moment, in dem Ihr Hund sein Maul öffnet, um den Keks zu nehmen, sagen Sie »Aus« und schieben ihm den Keks ins Maul. So verknüpfen Sie ruckzuck Ihr »Aus« mit einem positiven Gefühl für den Hund. (1)
2. In der weiteren Steigerung lassen Sie den Keks direkt vor der Nase weg und loben erst mit einer Futterbelohnung, wenn der Gegenstand aus dem Maul gefallen ist. **Wichtig:** Belohnen Sie das »Aus« immer wieder auch draußen in »realen« Situationen. Das ist wichtig, damit Ihr Hund sich nicht selbst »belohnt«, indem er doch einmal etwas abschluckt.
   Tipp: Achten Sie auch auf Ihre Mimik: Lächeln Sie Ihren Hund beim »Aus«-Sagen an und machen Sie erwartungsfrohe Augen. »Aus« muss und soll Ihrem Hund richtig Spaß machen.

Spielzeug ausgeben

Wenn das »Aus« funktioniert und Ihr Hund Ihnen bereits gerne Dinge ausspuckt, belegen Sie das erneute Aufnehmen von Spielzeug und Ähnlichem ins Maul mit einem weiteren Wort wie »Nimm es« oder »Pack«. Dieses neue Signal ist in dem Fall gleichzeitig die Belohnung fürs Ausgeben. Es braucht hier also nicht noch ein Leckerli zusätzlich.

Ziel ist, dass Ihr Hund Ihnen gerne Dinge bringt oder »zeigt« und sie Ihnen auf »Aus« in die Hand gibt oder vor die Füße legt. Dann können Sie daraus ein Spiel machen: »Aus« – »Nimm es« – »Aus« – »Nimm es« … Und Ihr Hund lernt, dass er nur in Spielzeuge oder Gegenstände in Ihrer Hand beißen darf, wenn Sie es ihm freigegeben haben.

RESSOURCENAGGRESSION

Klienten berichten mir immer wieder, dass ihr Hund knurrt, wenn er ein Spielzeug oder etwas Fressbares hat und sie sich ihm nähern. Und sie fragen mich, wie sie so mit ihm trainieren sollen. Geht Ihnen auch so? Dann kommt hier mein Weg.

Hören und schauen Sie zunächst genau hin. Zeigt Ihr Hund eher ein melodisches Knurren, das an ein getuntes Auto erinnert, und geht er in eine Oberkörpertiefstellung? Dann will er Sie eher zum Spielen auffordern. Dann können Sie sich je nach Situation überlegen, ob Sie Lust und Zeit haben, sich auf ein Objektspiel mit ihm einzulassen. Wenn nicht, ignorieren Sie seine Spielaufforderung.

Fixiert er Sie dagegen angespannt, wendet zwar die »Beute« ab, nicht aber seinen Blick, versucht er auf Distanz zu gehen und wird vielleicht dazu noch steif?

In diesem Fall nehmen Sie das erst einmal einfach nur wahr und vergrößern im ersten Schritt den Abstand zu Ihrem Hund. Aus der Sicht des Hundes ist das ein ganz normales Verhalten, nichtsdestotrotz möchten wir das nicht. Das bedeutet: Respektieren Sie in Schritt 1 die Signale, die Ihr Hund Ihnen sendet (»Bleib weg!«). Im nächsten Schritt loben Sie jede Annäherung, die er zulässt. Werfen Sie für jede davon ein Stück hochwertiges Futter in seine Nähe und vergrößern Sie danach die Distanz wieder. Versuchen Sie so, sich schrittweise an ihn heranzupendeln. Bitte achten Sie dabei auf eine positive Körpersprache – eher seitlich zugewandt, nicht frontal.

Sollten Sie dieses Verhalten bei Ihrem Hund beobachten, empfehle ich, einen professionellen Trainer hinzuzuziehen. Sogenannte Ressourcenaggression kann schnell außer Kontrolle geraten. Ganz wichtig: Arbeiten Sie niemals mit Strafe. Im schlimmsten Fall lernt Ihr Hund dadurch nämlich: Knurren bringt nichts, ich muss gleich beißen.

Sofa oder nicht? Solange der Hund keine Besitzansprüche geltend machen will, bleibt das allein seinem Menschen überlassen.

IMPULSKONTROLLE

Aus, ruhig bleiben, wenn es klingelt, warten und viele andere Verhaltensweisen haben eines gemeinsam: die Impulskontrolle. Es geht darum, den Impuls, einem gewissen Reiz nachzugeben, zu kontrollieren sowie den daraus folgenden Frust auszuhalten und sich im Idealfall über die sogenannte Erregungskontrolle auch gleich wieder »runterzufahren«. Diese Fähigkeit ist im Alltag nahezu ständig gefragt, egal, ob der Hund warten muss, bis es rausgeht, weil sich sein Mensch erst noch anziehen muss, ob er darauf warten muss, bis die Futterschüssel den Boden berührt, oder die Ampel grün wird, auch wenn auf der anderen Straßenseite seine Lieblingslösestelle ist und er ganz dringend muss. Ganz zu schweigen natürlich von Eichhörnchen, frechen Krähen und Katzen, lärmenden Kindern, Rad- und Rollerfahrern … Jedes Mal muss der Hund einem Reiz widerstehen – und ich könnte diese Liste schier unendlich fortsetzen.

Trotzdem wird Impulskontrolle vielfach nur über eines geübt: das ewige Warten vor dem Futternapf, was den meisten Welpen in der Regel recht schnell gelingt.

Hunde müssen in unserer Welt einiges aushalten können – ruhig warten zum Beispiel, auch wenn sie auf der anderen Straßenseite vielleicht etwas unglaublich Spannendes oder ihren besten Hundekumpel entdeckt haben.

»Impulskontrolle ist bei uns kein Problem. Das Warten am Napf, bis das Okay kommt, das klappt super«, bekomme ich dementsprechend oft zu hören. Aber ich verrate Ihnen jetzt mal was: Das hat fast nichts mit Impulskontrolle zu tun. Impulskontrolle bedeutet vor allem, Frusttoleranz zu erlernen. Dazu braucht es jede Menge Verständnis, Ruhe, Geduld und viele, viele Wiederholungen. Beim Füttern ist mir eigentlich nur wichtig, dass der Hund nicht wie wild an der Küchenzeile hochspringt – oder an mir.

Impulskontrolle ist unter anderem auch ein wesentlicher Bestandteil der Leinenführigkeit und der Orientierung am Menschen: Der Hund soll sich unserem Lauftempo anpassen, nicht ständig markieren und schnuppern, sich zu uns wenden, auch wenn es ständig andere Verlockungen gibt, denen er nur zu gern nachgehen würde. Wir erwarten mittlerweile so viel von unseren Hunden und wissen leider oft gar nicht, was wir ihnen dabei alles abverlangen.

Das A und O: viel Zeit

Tauchen wir ruhig einmal ein in die Thematik Impulskontrolle und Impulsübungen: Außer im jagdlichen oder im Auslastungsbereich möchte vermutlich keiner, dass ein Hund seinem Jagdimpuls nachgeht – sei es, dass er sich blitzschnell davonmacht, weil er eine Fährte wittert, sei es, dass er einem Kaninchen oder Reh hinterherrennt. Stattdessen wünschen wir uns, dass unser Vierbeiner beim Ballspielen erst losrennt, wenn er die Freigabe erhält. Dass er an der offenen Tür von sich aus wartet, bis man ihm erlaubt, rauszulaufen – und das am liebsten auch noch an der Gartentür. Dass er nicht ohne Freigabe aus dem Auto springt und dass er ganz entspannt an der Leine zur Hundeschule läuft.

Aus der Sicht des Hundes jedoch ist das alles ein völlig unnormales und unnatürliches Verhalten. Er muss Impulskontrolle erst erlernen – wobei wir uns bei Welpen und auch bei Tierschutzhunden beziehungsweise Hunden aus einer schlechten Aufzucht auf sehr dünnem Eis bewegen. Denn einerseits ist es wichtig, ihnen die Menschenwelt zu zeigen und sie jeden Tag zum Staunen zu bringen. Sie sollen und müssen sich »satt« gucken, damit ihnen unsere komplexe Welt später so wenig Angst macht wie möglich. Andererseits sollte dieses Anschauen mit gutem Augenmaß erfolgen. Denn häufig sind für sie die Umwelteinflüsse insgesamt so reizüberflutend und die neue Umgebung noch nicht ausreichend lange erkundet und vertraut gemacht. Dann ist es nicht gerade hilfreich, auch noch direkt mit der Impulskontrolle anzufangen. Schlimmstenfalls potenzieren Sie damit sogar das Stresslevel des Hundes noch weiter in einen völlig lernfreien Gehirnzustand. Ihr Hund kann sich dann schlichtweg (noch) nicht genug auf Sie konzentrieren – und auch nicht auf Ihr Tempo und Ihre Bewegungen an der Leine.

Wenn Ihr Hund die oben genannten Sachen nicht oder nur teilweise kann, wenn er noch viel Zeit benötigt, um sich Dinge anzuschauen, zu beobachten und »sich zu vergewissern«, ob etwa das große Baugerät auf der Straße wirklich keine Gefahr darstellt, dann lassen Sie ihm bitte diese Zeit. Bleiben Sie einfach ruhig mit ihm stehen und schauen Sie sich um. Lassen Sie ihn in seinem eigenen Tempo Dinge, Geräusche, Gerüche erkunden. Bei unsicheren Hunden oder Welpen kann das manchmal dauern. Nehmen Sie sich die Zeit, sie lohnt sich ein Leben lang. Und Achtung: Viel hilft in diesen Fällen nicht viel. Ganz im Gegenteil! Wer noch keine Impulskontrolle hat oder erst über wenig verfügt, der braucht vor allem eines: Ruhe und Geduld und gut dosierte Übungseinheiten.
Ich wünsche mir hinsichtlich der Impulskontrolle, dass Ihr Hund lernt, Sie zu fragen: »Darf ich das?« Denn die dazu nötige Kontaktaufnahme zeigt, dass er sich bereits zurückgenommen hat. Dass er bei Ihnen ist und mit Ihnen in einer guten Kommunikation und Bindung steht. Und für Sie wünsche ich mir, dass Sie lernen, diese Rückfrage zu erkennen und zu hören. Fangen wir an!

Training: Fahrstuhlübung

1. Auf Ihrer flachen Hand liegt ein Keks. Ihr Hund versucht, daranzukommen – vielleicht indem er Sie anspringt, die Pfote hebt, Sie kratzt oder bellt. Das Angebot kann hier sehr vielfältig sein. Zeigt das alles keine Wirkung, wird es den Moment des »Nachdenkens« geben: Ihr Hund wird abfragen, was er tun muss, um an den Keks zu kommen. Die meisten Hunde nehmen daraufhin eine Position ein, für die sie bisher häufig belohnt wurden. Meistens ist das »Sitz«. (1)
2. Nun senkt sich Ihre Hand wie ein Fahrstuhl nach unten Richtung Hundeschnauze. Aber bitte langsam! (2)
3. Reckt sich Ihr Hund in Richtung Keks, geht Ihre Hand wortlos wieder nach oben – und das Leckerli entschwindet. (3)
4. Fahren Sie so lange mit der Hand hoch und runter, bis Ihr Hund das erste Mal aushalten kann, dass er »nur« sitzt und geduldig abwartet, bis der Keks zu ihm kommt. Dann geben Sie diesen sofort frei. (4)

Die Botschaft hinter dieser Übung: Dich ruhig zu verhalten und deinen Impuls zu ignorieren, lohnt sich für dich.
Wichtig: Bitte machen Sie die Übung nur, wenn Sie auch selbst ein geduldiger Mensch sind. Anderenfalls geraten hier beide zu schnell unter Druck. Und: Wie alle Impulskontrollübungen erfordert sie viel Konzentration seitens Ihres Hundes. Bitte machen Sie daher immer nur wenige Wiederholungen und schließen Sie dann mit einer Spieleinheit ab. Die aufgestaute Energie sollte schließlich irgendwohin können.

1

2

3

4

Training: Spielen

1. Beginnen Sie mit einem Spielzeug (Zergel, Ball am Seil oder Ähnliches) ein spannendes Spiel mit Ihrem Hund. Je nachdem, wie schnell erregbar er ist, reichen bereits wenige Sekunden, damit er in Fahrt kommt. (1)
2. Ist es so weit, hören Sie plötzlich auf zu spielen, nehmen das Spielgerät hoch und warten ruhig ab. Ihr Hund wird Sie womöglich anspringen, anbellen oder ein ähnliches aus Frust erzeugtes Verhalten zeigen. So möglich, halten Sie das ruhig aus und warten Sie, bis er das erste Mal ein ruhiges Verhalten zeigt. Dann loben Sie direkt und setzen das Spiel wieder kurz fort. Heißt: In dem Fall ist das fortgesetzte Spiel das Lob. Es braucht also keinen Keks oder Ähnliches. (2)

Training: An der (Garten-)Tür warten

1. Halten Sie einige Leckerlis bereit und lassen Sie Ihren Hund sitzen. Öffnen Sie die Tür zunächst einen Spalt, sodass sich Ihr Hund nicht hindurchdrängen kann. Hält er das aus, belohnen Sie ihn. Steht er auf, schließen Sie die Tür wieder.
2. Gehen Sie hier schrittweise vor, bis Ihr Hund sitzen bleiben und warten kann, dass sich die Tür vollständig geöffnet hat. Wenn er durchdarf, geben Sie ihn bitte vorher mit einem »Okay« frei.

Klar wird es im Alltag immer Situationen geben, in denen es schnell gehen muss – sei es, weil Sie vor der Arbeit schnell noch mit dem Hund rausmüssen, sei es, dass Ihr Hund Durchfall hat. Dann ist das eben so und Sie machen das nächste Mal weiter. Bleiben Sie dran und geduldig. Impulskontrolle ist lernbar und braucht vor allem eins: Ihre eigene Impulskontrolle – und das bedeutet auch für Sie, nicht gleich die Flinte ins Korn zu werfen, wenn es nicht auf Anhieb klappt. Geben Sie sich und Ihrem Hund in diesen Bereichen Zeit, Geduld und ein Lächeln. Wenn Sie das jedes Mal umsetzen, wird das schnell dazu führen, dass die Tür auch einmal »aus Versehen« offen sein kann, ohne dass Ihr Hund gleich hinausstürmt.

DAS TRAININGSGLAS

Sie werden im Laufe des Zusammenlebens mit Ihrem Hund feststellen, dass es immer wieder neue Dinge gibt, die Sie trainieren möchten. Jenseits der sogenannten Grundkommandos und der grundsätzlichen Bindungsarbeit können das spezielle Tricks sein oder auch Auslastungsspiele wie Apportieren und Ähnliches. Ich empfehle dazu gerne mein »Trainingsglas«: Sie brauchen dazu ein einfaches Einmachglas und einige bunte Zettel. Schreiben Sie auf jeden Zettel ein Trainingsziel (Sitz, Platz, Decke, Leine, Rückruf, Spielzeug apportieren, Aufräumen, Pfötchen geben etc.), falten Sie die Zettel dann und geben Sie sie in das Glas. Jeden Tag ziehen Sie nun zwei Zettel heraus – das sind die heutigen Trainingsinhalte für Sie und Ihre Familie. Diese Methode erleichtert es Ihnen, den Überblick zu behalten, was Sie schon alles trainiert haben, und Sie beziehen außerdem alle Familienmitglieder mit ein. Gleichzeitig nehmen Sie sich selbst den Druck, jeden Tag immer alles üben zu wollen und zu müssen (und damit nehmen Sie auch den Druck von Ihrem Hund).

Ein Beispiel aus meinem Trainingsalltag

HEINRICH

Heinrich war ein vier Jahre alter kastrierter Französischer-Bulldoggen-Rüde und lebte bei einem jungen Paar, das erst vor Kurzem Eltern geworden war. Die beiden riefen mich um Hilfe, weil Heinrich die fünfjährige Tochter der Nachbarn auf dem Roller attackiert hatte.
Als ich das erste Mal bei ihnen vorbeischaute und am Tor klingelte, hörte ich, wie Heinrich im Haus noch in derselben Sekunde zu bellen anfing. Als sich die Haustür öffnete, schoss ein offensichtlich höchst erregter Frenchie aufs Gartentor zu und fror sprichwörtlich mit der Schnauze an meinem Bein ein. Ein klares Zeichen von Heinrich an mich: »Du bewegst dich hier nicht ohne meine Zustimmung.« Und ein ernst zu nehmendes Drohverhalten.
Ich bat die Halter, den Hund abzurufen. Daraufhin wurde Heinrich in 25 Varianten gerufen (ja, ich habe mitgezählt): »Heinrich, komm«. »Heinrich, hiiieeerheeer«. »Heini, nu komm« … Aber Heinrich tat nichts, außer weiter an meinem Bein zu verharren und mich zu fixieren. Also bat ich darum, Heinrich anzuleinen und von mir »abzupflücken«. Das klappte zum Glück und wir konnten mit Abstand zueinander das Haus betreten.
Drinnen schlug ich vor, Heinrich erst mal an der Leine zu lassen, damit ich mich in Ruhe ausziehen konnte. Als das erledigt war, wurde ich ins Wohnzimmer geführt. Was mir dort als Erstes auffiel: Heinricht hatte sage und schreibe vier Ruheplätze. Einer war auf dem Teppich, ein zweiter neben der Heizung, der dritte auf dem Sessel und dann stand da noch ein Körbchen mit Blick auf die Couch und den Eingangsbereich.

Das Problem: zu wenig Ruhe

Eine genaue Anamnese förderte anschließend Folgendes zutage: Heinrich hatte nicht nur vier Liegeplätze in einem einzigen Raum, er hatte auch 24 Namen. Er schlief von 24 Stunden etwa zehn und in den anderen 14 folgte er seiner Besitzerin wirklich auf Schritt und Tritt – in jeden Raum und egal, was sie machte. Wenn sie wollte, dass er Ruhe hielt, musste sie sich selbst auf die Couch legen. Trotz des üppigen Angebots an Liegeplätzen konnte das Paar seinen Hund auf keinen einzigen davon schicken. Sollte Heinrich vom Sofa runter, begann er sofort zu knurren und abzuschnappen. Und die Blick-Strichliste (siehe Seite 14) wies innerhalb einer Stunde über 180 Striche auf: Im Schnitt wurde dieser Hund alle 20 Sekunden von einem seiner Besitzer angeschaut.
Es gab dann folgenden Plan: ein Liegeplatztraining für Heinrich mit einem einzigen (!) Liegeplatz. Die anderen drei verschwanden. Ein Kein-Blickkontakt-Training für die Menschen. Dazu kamen ein Klingeltraining und das neue Antrainieren des Namens. Und zur Beschäftigung zeigte ich den beiden Apportierspiele, mit denen sie zugleich eine neue Beziehung zu ihrem Hund herstellen und die Bindung zueinander festigen konnten.

Frenchies gelten als unkomplizierte Familienhunde, aber auch sie brauchen Strukturen.

Was folgte, waren drei wirklich harte Monate für die Besitzer. Denn so ein verfestigtes Verhalten löst man nicht mal schnell in einer Stunde. Das braucht Zeit und ein tägliches Training für die gesamte Familie. Und wir waren hier noch nicht mal beim eigentlichen Grund des Anrufs angelangt: der Attacke auf das Nachbarkind. Das waren dann Inhalte der Folgestunde: Wir haben dazu dessen Roller mit einer Rückorientierung zu den Besitzern verknüpft (das genau zu erklären, würde hier aber leider zu weit führen) und die Leinenführigkeit neu aufgebaut. Insgesamt waren für diesen Prozess neun Monate Training und vier Einzelstunden nötig.

Aber die Mühen haben sich gelohnt. Heute ist Heinrich ein deutlich entspannterer Hund, der mehr schläft, auch wenn seine Menschen aktiv sind, der weniger bellt und draußen so gut wie keinen Rabatz mehr macht und – nicht ganz unwichtig zu erwähnen – der mich auch dann ins Haus lässt, wenn er nicht angeleint ist.

GEMEINSAM DIE WELT ENTDECKEN

Unsere Menschenwelt stellt Hunde vor viele Herausforderungen. Deswegen brauchen sie uns als verlässliche Partner, die ihnen zeigen, wo es langgeht – und wie man zusammenbleibt.

Wir gehen jetzt gleich mal von drinnen gemeinsam vor die Tür und dazu habe ich aus Sicherheitsgründen drei verschiedene Arten. Mir ist klar, dass Sie sich jetzt sicher gerade fragen: »Hat sie nicht im vorherigen Kapitel erwähnt, dass es ihr egal ist, wer zuerst durch die Tür geht?« Und ja, das haben Sie ganz richtig behalten: Es spielt für die Beziehung und die Bindung zu Ihrem Hund keine Rolle. Für Ihre Sicherheit und für die Sicherheit Ihres Hundes aber durchaus.

Ich nehme Sie einfach mal mit durch meine Türen: Da ist zuerst meine Wohnungstür, sie geht nach innen auf. Deshalb lasse ich Helmut erst im Wohnungsflur mit etwa 1,5 Meter Abstand vor der Tür sitzen, gehe dann raus in den engen Hausflur und hole Helmut dort zu mir. Ich schließe ab und Helmut sortiert sich links neben mir ein. Als Nächstes steht die enge Altbautür zum Innenhof an. Hier lasse ich Helmut vorausgehen, weil die Tür sehr schwer ist und schnell zufällt. Also möchte ich vermeiden, dass Helmut von ihr getroffen wird. Danach kommt die Tür zum Vorderhaus. Sie geht nach innen auf, in den zweiten Hausflur. Auch hier muss ich Helmut »vorschicken«. Zum Schluss geht es dann noch durch die Haupttür auf die Straße. Vorher sortiert Helmut sich an meiner rechten Seite ein. Ich lasse ihn kurz sitzen und öffne dann die Tür nach innen. Weil man direkt auf dem Bürgersteig steht, wenn man aus der Tür tritt, und ich nicht möchte, dass Helmut aus Versehen in einen Radfahrer, einen Passanten oder einen fremden Hund läuft, gehe ich hier wieder vor und hole ihn erst dann zu mir auf die Straße.

Wie Sie sehen, absolvieren wir das Durch-die-Tür-Gehen auf viele verschiedene Arten – und das mehrmals täglich. Habe ich deshalb keine oder eine schlechte Bindung zu meinem Hund? Nein, ganz im Gegenteil! Ich bekomme durch diese vielen verschiedenen Arten jederzeit die Aufmerksamkeit meines Hundes und kann ihn je nach Situation warten lassen, hinter mich schicken, an meine linke Seite oder an meine rechte Seite oder auch voraus. Wir kommunizieren also auch hier schon mehrfach miteinander, obwohl wir »nur« durch eine Tür gehen. Ich brauche Helmuts Aufmerksamkeit und Orientierung von Beginn des Spaziergangs an, weil sonst die Gefahr bestünde, dass er sich verletzt oder erschrickt. Beides möchte ich verhindern, genauso wie wohl jeder andere Hundebesitzer auch.

BEVOR ES WEITERGEHT – KURZER GRUNDLAGENEXKURS

Helmut hat also schon richtig »gearbeitet«, bevor wir überhaupt vor der Tür stehen und unser Spaziergang tatsächlich losgeht. Und er hat einige Dinge gemacht, die ich vorher schon geübt habe, so wie »Sitz«. Deshalb schiebe ich hier noch kurz ein, wie Sie Ihrem Hund das beibringen.

Training: »Sitz«

1. Halten Sie einen Keks sanft an die Schnauze Ihres Hundes. Dann heben Sie die Hand etwas an und führen sie langsam über seinen Kopf nach hinten. Bis zu einem gewissen Punkt kann Ihr Hund dem Keks noch mit der Nase folgen, dann wird er mehr und mehr Gewicht auf die Hinterhand nehmen und sich absetzen. (1)
2. Loben Sie in diesem Moment verbal und geben Sie den Keks sofort frei. (2)
3. Wiederholen Sie das Ganze 3- bis 5-mal. Die meisten Hunde verstehen richtig, richtig schnell, was wir von ihnen erwarten. **Ganz wichtig:** Drücken Sie Ihren Hund niemals ins »Sitz«.
4. Nach den Wiederholungen fügen Sie das Wort »Sitz« hinzu, kurz bevor Ihr Hund den Po ganz absenkt.

Training: Marker- oder Lobwort

Für »Sitz«, überhaupt für alle Dinge, die Ihr Hund richtig macht, dürfen, nein müssen Sie ihn natürlich loben, damit er auch versteht, dass er es richtig macht. Weil man nicht immer einen Keks zur Hand hat (was auch nicht immer nötig ist), braucht es hierzu ein Lobwort. Dieses dient dazu, Ihrem Hund möglichst punktgenau eine verbale Rückmeldung zu geben: »Das, was du gerade machst, ist zu 100 Prozent richtig.« Weil das natürlich ganz schön lang ist, entscheiden sich viele Hundehalter für ein »Fein«. Besser ist jedoch, ein Wort mit zwei Silben zu etablieren, weil dieses tiefer ins limbische System (das ist das Belohnungszentrum im Gehirn) eindringt und sich verfestigt. Ich plädiere also für »Klasse«, »Prima«, »Super« oder »Jawohl«.

Und so trainieren Sie das:

1. Starten Sie am besten in Ihrem Wohnzimmer oder einer anderen ruhigen Umgebung. Nehmen Sie einen kleinen Keks zur Hand.
2. Sagen Sie Ihr Lobwort und verfüttern Sie sofort den Keks. Ihr Hund soll und muss kein anderes Verhalten zeigen. Sie wollen lediglich die Verknüpfung in seinem Gehirn erschaffen: Lobwort = Speichelfluss = gute Emotion.
3. Wiederholen Sie das Lobwort etwa 10-mal und belohnen Sie Ihren Hund jedes Mal innerhalb von maximal einer Sekunde.
4. Warten Sie nun einen Moment ab, damit Ihr Hund abgelenkt ist und woanders hinschaut. Dann sagen Sie das Lobwort erneut. Dreht sich Ihr Hund jetzt zu Ihnen um, um sich seine Belohnung abzuholen, haben Sie alles richtig gemacht und er hat einen Zusammenhang zwischen dem Lobwort und seinem Verhalten hergestellt. Jetzt können Sie jedes erwünschte Verhalten Ihres Hundes positiv an ihn rückmelden.

LECKERLI? JA, ABER NICHT EINFACH SO!

Haben Sie bitte immer im Kopf: Es gibt keine »Mutti-« oder »Vatikekse«. Sie wissen schon, das sind die Kekse, die wir unseren Hunden gerne mal einfach so geben, weil wir sie entweder noch in der Hand hatten oder weil der Hund gerade so niedlich guckt. Lassen Sie Ihren Hund für eine Belohnung immer etwas tun, das stärkt auch Ihre Bindung. Viele Hunde interessieren sich außerdem auch nicht mehr für Ihre Belohnungskekse, wenn sie ständig Kekse fürs Nichtstun bekommen.

UNGEKANNTE WELTEN

Das Verlassen des Hauses oder der Wohnung wird meist schon früh ritualisiert – einfach, weil man es so oft macht. Nutzen Sie das unbedingt aus! Sollte Ihr Hund also aufgeregt durch die Tür stürmen, obwohl es Ihnen lieber wäre, dass zuerst Sie die Lage oder Situation prüfen, dann sind die mehrmals täglich stattfindenden Spaziergänge ideal, um genau das zu üben. Dasselbe gilt, wenn Sie beispielsweise möchten, dass Ihr Hund an einer offenen Tür einfach auch einmal wartet, genauso aber auch einmal vor Ihnen laufen kann, etwa bei engen Durchgängen.

Nebenbei: Auch wenn sich hier schon unerwünschte Verhaltensweisen eingeschlichen haben, können Sie nach dem Prinzip der »Umritualisierung« festgefahrene Abläufe hier enorm schnell nach Ihren Wünschen verändern. Denn sobald Sie kleine Dinge ändern, wird es für Ihren Hund ein neues Lernfeld.

Haben Sie zum Beispiel bisher immer zuerst Ihre Schuhe angezogen, danach die Jacke und zum Schluss Ihren Schlüssel in die Hand genommen? Neu wäre dann, wenn Sie beispielsweise erst den Schlüssel in die Jackentasche stecken, dann die Jacke anziehen und erst ganz am Schluss in Ihre Schuhe schlüpfen. Schon haben Sie mit kleinsten Veränderungen ein neues Lernfeld geschaffen. Das macht es Ihrem Hund deutlich einfacher, außerhalb der unbeabsichtigten Rituale ein neues Verhalten zu erlernen.

Input von allen Seiten

Folgen Sie mir doch einfach mal auf einen Spaziergang und lassen Sie sich auf die Wahrnehmungswelt Ihres Hundes ein. Dass Sie draußen die geballte Aufmerksamkeit Ihres Hundes brauchen, ist aufgrund der vielen Eindrücke, die auf ihn einprasseln, unglaublich wichtig.

Wir wissen, dass unsere Hunde einigermaßen gut sehen – viel besser übrigens als für gewöhnlich angenommen. Wir erleben, wie sie nahezu permanent ihre Nase einsetzen, und sehen das ständig lebendige Ohrenspiel. Wir übersehen jedoch häufig, dass darüber hinaus ihr gesamter Körper über unzählige Sinneszellen verfügt, über die sie ihre Umwelt erfühlen und ertasten. So können sie etwa mit ihren Pfoten die leichtesten Vibrationen wahrnehmen und beispielsweise Mäuse orten. Sogar ihr Fell ist mit entsprechenden Rezeptoren ausgestattet. Es prasseln also in jeder Sekunde ständig zig Informationen auf unsere Vierbeiner ein.

Klingt ganz schön anstrengend, oder? Und genau das ist es für viele Hunde auch. Erinnern Sie sich nur einmal an die Welpenzeit Ihres Vierbeiners oder an die ersten Wochen, nachdem er bei Ihnen eingezogen ist. Musste Ihr Hund damals nicht alles erkunden? Konnte er oft nicht »einfach« weitergehen, fror er vielleicht sogar öfter ein und brauchte erst mal Zeit? Das alles sind normale Verhaltensweisen.

Versetzen Sie sich einfach mal in seine Lage, wenn Sie das nächste Mal ohne Hund vor die Tür gehen. Nehmen Sie sich eine Minute Zeit und …

- ☞ Schließen Sie die Augen und konzentrieren Sie sich nur auf die Luft auf Ihrer Haut. Wie fühlt sie sich an? Warm, kalt, weich, hart und schneidend?
- ☞ Nun konzentrieren Sie sich voll und ganz auf Ihre Ohren: Was nehmen Sie wahr? Autogeräusche? Sind es der Motor und die Reifen? Nur der Motor? Hören Sie Fußgänger, Radfahrer, Hundegebell? Knarzt vielleicht ein Baum?
- ☞ Versuchen Sie jetzt, Ihre Nase bewusst einzusetzen: Was riechen Sie?
- ☞ Danach sind Ihre Füße dran: Wie stehen Sie? Was fühlen Sie durch Ihre Schuhe hindurch? Ist der Untergrund eben, holperig, glatt? Oder stehen Sie auf weichem Gras?

Vermutlich müssen Sie sich ganz schön konzentrieren, um all diese Dinge bewusst zu spüren, habe ich recht? Das unterscheidet uns von unseren Hunden. Sie sind diesen Eindrücken quasi ausgeliefert, weil sie sie mit ihren feinen Sinnen intuitiv wahrnehmen, noch dazu deutlich intensiver, als wir es tun. Das ist fantastisch – wenn man es weiß. Und, je nach Charakter, sehr anstrengend für den Hund.

Viele unerwünschte Verhaltensweisen – und ich bin hier extra pingelig in meiner Ausdrucksweise – sind hausgemacht. Das ist die Ebene, die uns Menschen erst mal schwerfällt zu verstehen. Diese Ebene zuzulassen, zu hören, zu erkennen, ist einer der Basen meines Trainingsansatzes. Es geht hier nicht um Schuld. Bitte löschen Sie dieses Wort am besten gleich aus Ihrem Wortschatz, denn es impliziert immer auch das Sühnen. Das ist eines der ältesten und einfachsten Kommunikationsprinzipien des Menschen, mit dem viele Verhaltensweisen gerechtfertigt werden. Ich möchte, dass Sie sich eine Ebene darüber hinausbewegen: wahrnehmen, erkennen, benennen, ändern.

Gestalten Sie den nächsten Spaziergang mit Ihrem Vierbeiner doch mal »sinnesgerecht«. Nutzen Sie zum Beispiel eine Treppe für das bewusste langsame Setzen der Pfoten. Loben Sie jeden einzelnen langsamen Schritt, etwa mit einem Leckerli.

Training »Such verloren«

Bewundern Sie Ihren Hund für seine Fähigkeiten mit dieser kleinen Übung!

Das brauchen Sie: einen Gegenstand, der nach Ihnen riecht (beispielsweise eine Packung Taschentücher, die Sie in Ihrer Jackentasche dabeihaben). Sie können für diese Übung auch nur einen Stein oder Ähnliches verwenden – Hauptsache, Sie hatten es kurz in der Hand. Das reicht für unsere Wundernasen.

1. Lassen Sie Ihren Hund sitzen und verstecken Sie den Gegenstand zum Beispiel in einem alten Baumstamm oder auf einer Parkbank (die ersten drei Male darf Ihr Hund noch zuschauen). (1)

2. Schicken Sie nun Ihren Hund mit »Such verloren« in Richtung des Verstecks. Ist er am Gegenstand angekommen, loben Sie ihn freudig, gehen zu ihm und belohnen ihn am (!) Gegenstand direkt mit einem Keks. (2)

Bitte wiederholen Sie diese Suche am Anfang höchstens zwei-, dreimal hintereinander, damit die Spannung erhalten bleibt.

ANGELEINT

Bleiben wir draußen. Eine der häufigsten Zielformulierungen, die ich höre, ist: »Ich möchte, dass mein Hund nicht an der Leine zieht.« »Oh ja«, denken Sie jetzt vielleicht, »genau das möchte ich auch.« Gegenfrage: »Was möchten Sie denn, dass Ihr Hund stattdessen tut?« Hier wird es interessant, denn meistens sind die Zielformulierungen recht schwammig, à la: »Na ja, er soll halt irgendwo neben mir laufen. Und er darf ja ruhig auch mal etwas vorlaufen oder auch mal schnuppern oder so. Er soll halt einfach nur nicht ziehen.« Wüssten Sie anstelle Ihres Hundes da, was Sie tun sollen?

Da stehen wir also vor unserer Haustür und möchten, dass der Hund sich löst. Aber bitte nicht direkt am Gartenzaun des Nachbarn. Und auch nicht im Blumenbeet im Park und erst recht nicht mitten auf der Straße. Und überhaupt nicht … Sie merken

Wenn schon das Anleinen mit Aufregung verbunden ist, startet man auch unruhig in den Spaziergang. Deshalb lohnt es sich, hier von Anfang an Ruhe reinzubringen.

vermutlich schon beim Lesen, dass es anstrengend wird, oder? Und genau das ist der Punkt: Wir wollen ganz viel. Und hier kommt die gute Nachricht: Wir können das auch alles erreichen. Wir müssen es unserem Hund nur erklären.

Ich führe dazu eine Reihe von Signalen ein:

1. Sobald die Leine am Halsband oder Geschirr eingeklinkt wird, gibt es das Wort »Leine« dazu und ich belohne das Anklinken sofort mit genau einem (!) Keks. »Leine« heißt in diesem Fall für mich: Lauf maximal eine ganze Körperlänge vor oder hinter mir, auf einer Seite, in meinem Tempo und in meine Richtung. Oder kürzer: Orientiere dich so an mir, dass kein Zug auf der Leine ist.
2. Wenn mein Hund schnüffeln darf, sein eigenes Tempo wählen darf, wenn er einfach stehen und schauen will oder sich im Gras rumrollen darf, bekommt er ein »Pause«. In der Pause darf er sich entspannen, schnüffeln oder sich sonst wie beschäftigen. Wenn ich dann weitergehen möchte oder wieder die Orientierung meines Hundes brauche, erfolgt wieder das »Leine« und wir gehen weiter.

»LEINE« IST NICHT »FUSS«

Ich unterscheide übrigens zwischen Leinenführigkeit und der »Fußposition«, weil das zwei völlig unterschiedliche Anforderungen an den Hund sind. Was »Leine« bedeutet, haben Sie eben gelesen. Das ist bei mir der normale Gassi- oder Spaziergang.

»Fuß« dagegen bedeutet, die rechte Schulter des Hundes klebt an meinem linken Bein und er hat Blickkontakt mit mir. Diese Position hält er im Gehen, Laufen und Drehen, unabhängig jedweder Ablenkung. »Fuß« ist also die Steigerung von »Leine«. Es kommt häufig im Hundesport vor und wird etwa bei der Begleithundeprüfung in einem bestimmten Laufschema verlangt. Ich nutze es gerne in öffentlichen Verkehrsmitteln oder wenn es irgendwo sehr eng wird und ich 100 Prozent Fokus von meinem Hund brauche.

3. Und dann gibt es noch das Lösewort. Es zu trainieren ist simpel. Bitte benutzen Sie dazu aber ein Wort, das Sie sonst nie sagen – meines zum Beispiel ist »Lulu«. Und dann geben Sie in jedes Pinkeln und jedes Koten Ihr »Lulu« mit hinein – in (!) den Vorgang. Nicht davor, nicht danach, sondern wenn es läuft oder köttelt (um es mal ganz deutlich auf den Punkt zu bringen). Sagen Sie es davor, dreht sich Ihr Hund eventuell zu Ihnen um und beginnt erst gar nicht den Vorgang der sanitären Entspannung. Sagen Sie es danach, kommt es nicht zu der Reizverknüpfung im Gehirn, die wir brauchen. Nur wenn Sie es genau im richtigen Moment sagen, verknüpft Ihr Hund »Lulu« mit »Jetzt lösen« – und tut genau das später immer dann, wenn Sie ihm das entsprechende Signal geben.

Stellen Sie sich vor, Sie fahren auf der Autobahn. Unsere Reizverknüpfung in Hinblick auf sanitäre Erleichterung wäre: Wir sehen ein Rastplatzschild, fahren auf den Parkplatz, der sanitäre Druck nimmt zu. Richtig? Dann betreten wir den gefliesten Raum und öffnen die WC-Tür. Der Druck nimmt weiter zu, bis wir sozusagen unsere Reizverknüpfung »WC-Tür-geschlossen etc.« haben und uns sanitär entspannen können. Genau das erreichen Sie bei Ihrem Hund mit dem Wörtchen »Lulu«. Es erspart Ihnen Zeit, wenn Sie es einmal eilig haben sollten und der Hund sich noch lösen soll. Es hilft Ihnen auf Reisen, wenn Sie nicht erst 40 Minuten über einen Rastplatz laufen wollen, bis Ihr Hund sich endlich entscheidet, dass er nun perfekt an der Erdachse ausgerichtet ist. Sprich: »Lulu« ist ein kleiner wirkungsvoller Alltagshelfer und erlaubt gleichzeitig, dass Ihr Hund lernt: »Ich darf nicht überall markieren.«

Sich auch draußen jederzeit an seinem Menschen zu orientieren, will gelernt sein. Bis es so weit ist, sorgt eine ausreichend lange Leine für Sicherheit.

DIE LEINENFÜHRIGKEIT

Wow, das war jetzt wirklich eine Menge an Informationen. Aber es ist wirklich wichtig, dass Sie so pingelig mit Ihren Signalen sind. Ihr Hund, der Sie 24/7 beobachtet, soll schließlich ganz genau wissen, was Sie von ihm wollen. Außerdem geben Sie ihm so das Gefühl und die Emotion: »Du kannst alles richtig machen, wenn du mir zuhörst.« Das ist wirklich essenziell! Denn die meisten Probleme entstehen aus Unklarheiten. Wir alle kennen die Textnachricht, die aus Sicht des Versenders ganz anders gemeint ist, als sie beim Empfänger ankommt. Leider passiert genau das im Umgang mit unseren Hunden sehr oft, nicht selten mehrmals am Tag. Und Sie können das nur ändern oder abbauen, wenn Sie sich klarmachen, was Sie denn eigentlich genau von Ihrem Hund wollen.

Verstehen Sie mich bitte richtig: Es geht nicht darum, sich durchzusetzen oder »konsequent« zu sein – Worte, die in der Hundewelt so oft missbräuchlich verwendet werden, gerne im Sinne der Machtdemonstration und überholter Rudelführertheorien. Ich wünsche mir, dass Ihr Hund entspannt und aufmerksam mit Ihnen unterwegs ist, und bestimmt wünschen Sie sich genau das auch. Dafür brauchen Sie einen geeigneten Trainingsrahmen, den Sie mit einer klaren Zielformulierung schaffen.

Bleiben wir beim Beispiel Leinenführigkeit:

- Alte Formulierung: »Ich möchte, dass mein Hund nicht an der Leine zieht.«
- Neue Formulierung: »Ich möchte, dass mein Hund beim Signal ›Leine‹ links/rechts neben mir läuft, sich meinem Tempo anpasst, meine Richtungen mitgeht und maximal eine Körperlänge vor oder hinter mir läuft.«

Das ist aber ausführlich, denken Sie jetzt vielleicht. Und ja, das muss es auch sein. Denn wir erwarten vom Hund bei der Leinenführigkeit: »Blende deine Umwelt aus, pass dich meinem Gehtempo an, schnüffle nicht, bleib nicht stehen, jag keine Eichhörnchen, schnapp nicht nach nah an dir vorfahrenden Radfahrern und, und, und.« Da ist es mit einem einfach dahergesagten Nicht-an-der-Leine-Ziehen nicht getan. Klare Formulierungen sind wichtig, weil Sie damit ein Ziel haben, das Sie bestätigen können, woran Sie arbeiten können und das Sie Ihrem Hund erklären können.

Gut starten

Aber erst mal auf Anfang: Sie sind jetzt vor Ihrer Haustür. Sprechen Sie Ihren Hund kurz und freundlich an. Reagiert er prompt, belohnen Sie dieses Verhalten bitte direkt zum Anfang des Spaziergangs und geben Sie Ihrem Hund einen Keks.

Vielleicht hilft es Ihnen, wenn Sie sich die Leinenlänge optisch vorab mit einem farbigen Klebeband oder einer Schnur markieren. So haben Sie den Bereich, in dem sich Ihr Hund an Ihrer Seite bewegen soll, immer deutlich vor Augen.

Straffe Leine? Für mich ein absolutes No-Go, sie sollte immer locker baumeln. Eine deutliche Markierung hilft, rechtzeitig gegenzusteuern.

Unsicheren, schnell überreizten oder erregten Hunden oder Hunden aus dem Tierschutz sollten Sie unter Umständen etwas mehr Raum gewähren. Denn sie haben oft noch Probleme mit zu viel Nähe zum Menschen. Ich führe meinen Helmut zum Beispiel prinzipiell an einer 2,5-Meter-Leine, weil er im »Pausenbereich« etwas mehr Raum braucht, um zu entspannen.

Zum Thema Leine und Orientierung finden sich im Internet etwa so viele Vorschläge wie zur Behandlung von Kopfschmerzen. Daher stelle ich Ihnen hier meine Lieblingsübungen vor. Achten Sie bitte darauf, dass Sie nicht gleich direkt zu Beginn einen oder mehrere Kekse in der Hand halten. Ihr Hund soll sich ja noch konzentrieren können.

Training: Entspannt starten

1. Sprechen Sie Ihren Hund freundlich an, der Karabiner (Ihr Zünglein an der Waage beim Thema Leine) hängt durch. (1)
2. Reagiert Ihr Hund, richten Sie sich sofort zwei, drei Schritte zurück, um ihn »einzuladen«. Wenn er daraufhin zu Ihnen aufschließt, belohnen Sie ihn direkt, sobald er an Ihrer Seite ist. Jetzt haben Sie eine freudige Erwartungshaltung im Hund – und damit eine motivierte Lernhaltung. (2)

»Aber mein Hund wird dann doch nur um Kekse betteln«, höre ich es direkt in Ihrem Kopf brummeln. Doch es geht darum, seine Lernprozesse mit einer positiven Rückmeldung zu verknüpfen. Oder gehen Sie ohne Gehalt arbeiten? Eben! Das Prinzip ist immer: formen, festigen, generalisieren.

Training: Leine

Und nun kommen wir also zur Leinenführigkeit – wobei ich Sie gleich zu Beginn warnen muss: Leinenführigkeit ist Training und erfordert viel Fleiß. Aber fangen wir an, denn Spaß macht es trotzdem. Also los geht's: Ihr Hund ist angeleint und Sie können sich eine Umgebung aussuchen, die für Sie passt.

1. Klopfen Sie auf Ihren Oberschenkel. Wenn sich Ihr Hund für Sie interessiert, erhält er sofort einen Keks. Wiederholen Sie dies 10-mal. Sollte sich Ihr Hund nicht dafür interessieren, trällern Sie am Anfang einmal kurz oder schnalzen Sie ihn kurz an (es geht um einen neuen neutralen akustischen Impuls, den Sie sonst noch nicht verwenden).

   Üben Sie das zweimal täglich mit je zehn Keksen, insgesamt also 20-mal – in der Wohnung oder in ablenkungsarmer Umgebung draußen. Bewegen Sie sich durch die Wohnung und jedes Mal, wenn Sie klopfen und der Hund Ihnen folgt, erhält er einen Keks. Ergebnis: Ihr Hund lernt, dass es sich lohnt, sich an Ihnen zu orientieren, wenn Sie klopfen. (1)

2. Markieren Sie an Ihrer Leine (bitte keine Rollleine verwenden) wieder eine Stelle, wo sich der Hund rechts oder links neben Ihnen in einem für Sie adäquaten Abstand befinden soll. Achten Sie auch darauf, dass Sie die Leine hinter dem Rücken in der anderen Hand gut und entspannt halten können. Die Leine muss in der Ruheposition durchhängen.
3. Geben Sie ab sofort jedes, wirklich jedes Mal, wenn Sie loslaufen, das Wort »Leine« mit hinein. Sobald Ihr Hund Sie überholt und/oder die Leine straff wird, bleiben Sie sanft stehen. Richtet sich der Hund zurück, geht es weiter mit »Leine«. Hier sind viele Wiederholungen nötig und wie üblich konsequentes Training. Animieren Sie Ihren Hund zur Rückkehr und machen Sie ein freundliches Gesicht dabei. Das hilft ihm, sich an Ihnen auszurichten. Und noch was: Es wird Tage geben, da kann Ihr Hund schlicht und einfach nicht. Dann üben Sie bitte auch nicht.
4. Wenn Schritt 3 schon einige Minuten klappt, drehen Sie jedes Mal, wenn Ihr Hund zum Überholen ansetzt, gemeinsam einen Kreis in die entgegengesetzte Richtung. Und erst wenn dieser vollendet ist, geht es weiter in die eigentliche Richtung. **Wichtig:** Drehen Sie den Kreis immer in die Richtung derjenigen Seite, auf der Ihr Hund läuft. Achten Sie bitte auch darauf, die Bewegung nicht hektisch auszuführen, sondern mit stoischer Ruhe. Wiederholen Sie das täglich mindestens 20-mal und beenden Sie die Übung dann mit »Pause« oder »Ende«.
5. Jetzt kommt wieder unser Schenkelklopfer ins Spiel: Sie laufen los mit »Leine« (die Leine ist am Hund und hinter Ihrem Rücken wie bereits geübt). Jedes Mal, wenn sich Ihr Hund für etwas weiter vorne interessiert (Markierstelle, anderer Hund, anderer Mensch etc.), kommt Ihr Schenkelklopfer. Reagiert der Hund sofort, drehen Sie sich an lockerer Leine mit dem Hund um 180 Grad und laufen in die andere Richtung weiter (mindestens sieben Schritte). Loben Sie Ihren Hund hierfür stimmlich und gerne auch mit einem Leckerli.
   Ist die Leine bereits gespannt, drehen Sie sich ohne Schenkelklopfer in die entgegengesetzte Richtung und nehmen den Hund sanft mit (es wird nicht an der Leine geruckt).
   Was tun, wenn die Leine auch bei sich nähernden Objekten locker durchhängt und Ihr Hund sich zwar interessiert zeigt an dem, was da kommt, aber dennoch auf Ihrer Höhe bleibt? Herzlichen Glückwunsch! Nähern Sie sich dann dem Objekt seiner Begierde und geben Sie ihn, wenn möglich (etwa bei einer Markierstelle), mit einem »Okay« frei, damit er sich nun mit dem Objekt beschäftigen darf.

RICHTUNGSWECHSEL

Damit sich Ihr Hund an Ihnen orientieren kann, ist Ihre Körpersprache extrem wichtig: Schauen Sie immer schön geradeaus, nicht zu Ihrem Hund. Das ist ja auch gar nicht nötig, denn durch die Leine merken Sie sowieso, wo sich Ihr Hund befindet. Schauen Sie die ganze Zeit nach ihm, muss er nicht schauen, was Sie tun, und kann sich stattdessen anderen Dingen widmen. Dabei soll er sich doch auf Sie konzentrieren.

Wenn Sie eine Wendung einleiten oder die Richtung ändern, achten Sie bitte darauf, dass die Schulter auf der Seite, an der Ihr Hund läuft, deutlich nach vorne in Laufrichtung zeigt. Nehmen Sie die Schulter bewusst in die Bewegung mit hinein. Damit signalisieren Sie Ihrem Hund körpersprachlich, wo es langgeht.

Glauben Sie mir: Es braucht nicht viel, damit ein Hund unsere Körperbewegungen erlernt. Man muss sich dazu weder wie ein aufgeblasener Riese vor ihn stellen noch zischen oder womöglich sogar mit der Hand »abschnappen«, ihn also mit spitzen Fingern in die Seite »beißen«.

Training: Hundebegegnung

1. Bei Hund-Hund-Begegnungen klopfen Sie sich frühzeitig auf den Schenkel. Reagiert Ihr Hund daraufhin mit Blickkontakt zu Ihnen, darf er hierfür ausgiebig belohnt werden.
2. Gehen Sie weiter mit »Leine« und möglichst in einem Bogen auf den anderen Hund zu, solange die Leine noch locker ist. Gehen Sie nach Möglichkeit so, dass Sie sich zwischen Ihrem Hund und dem anderen befinden. Ich nenne das »Sozialpuffer«. Sprechen Sie Ihren Hund gut an, das bedeutet, dass Sie ihn in Ihrer Aufmerksamkeit halten, bis Sie an dem anderen Hund vorbei sind.
3. Strafft sich die Leine in Richtung des anderen, wechseln Sie wieder die Richtung und laufen wie vorher beschrieben einen Kreis. Versuchen Sie in einer Woche mindestens 20 Situationen wahrzunehmen und zu üben.

Kurzer Exkurs zum Lernen

Und schwups sind wir wieder beim Thema Lernen. Sie fragen sich vielleicht, warum ich gerade hier wieder über das Lernen spreche? Na ja, damit Ihnen bewusst wird, dass Lernen ein aktiver und damit steuerbarer Vorgang ist. Wir sprechen immer von Erziehung oder Training, aber das, was darübersteht, ist das Lernen als steuerbarer Prozess – im Guten wie im Schlechten.

»Lernen ist ein aktiver, situativer und sozialer Prozess«, schrieb die Psychotherapeutin Anne Kathrin Kisker-Block 2010 in ihrer Diplomarbeit »Menschen brauchen Hunde« – und das trifft umgekehrt auch auf unsere Vierbeiner zu. Umso interessanter fand ich es, dass eine Psychologin dieses Thema in ihrer Diplomarbeit betrachtet. Sie merken schon, da kommt mal wieder mein etwas nerdiger wissenschaftlicher Persönlichkeitsbezug zum Tragen. Ich liebe es einfach, immer über den eigenen Hundekopf hinaus verschiedene Perspektiven zu betrachten und zu beleuchten.

Unsere Aufgabe als Hundehalter ist es, unseren Hunden das Lernen zu erleichtern und ihnen schrittweise zu erklären, was das Lernziel ist. Mir gefällt hier insbesondere das Wort »Prozess«, schließlich befinden wir selbst uns auch in einem ebensolchen – weil wir von den Hunden lernen dürfen, wie wir als Lehrende den Lernenden bestmöglich abholen können, um schnellstmöglich ans Ziel zu kommen. (Okay, diesen Satz dürfen Sie gerne gleich noch mal lesen.) Wenn Ihnen dieses Prinzip bewusst wird, dann kommen Sie schrittweise kontinuierlich ans Ziel, und das in der doppelten Geschwindigkeit.

Die Grundvoraussetzung für das aktive Lernen ist die Motivation des Hundes. Aber zum Glück ist ihm diese meiner Meinung nach bereits in die Wiege oder die

Welpenstube gelegt. Machen Sie sich doch nur einmal eins klar: Der Hund ist die einzige Tierart, die den Kontakt zu einer artfremden Art (nämlich uns Menschen) dem dauerhaften Kontakt zur eigenen Art vorzieht. Bäääm! Damit wird noch einmal deutlich, dass unsere Hunde nicht »stur« oder »dickköpfig« sind. Wir müssen eben manchmal nur unsere Art ändern, Dinge zu erklären. Der Hund möchte mit uns zusammenleben und an unserer Seite stehen. Ermöglichen wir es ihm, indem wir kontinuierlich unser Wissen erweitern.

Dass Lernen nach Kisker-Block auch ein situativer Prozess ist, hat Vor- und Nachteile, lässt sich aber nun mal nicht ändern. Hunde können beispielsweise, wie wir selbst übrigens auch, sogenannte Ortsverknüpfungen haben. Das kann die Aufregung an der Hundewiese sein, die Angst vorm Autofahren, weil ihnen als Welpen, als ihr Gleichgewichtsorgan im Ohr noch nicht ausgewachsen war, schlecht wurde, der Weg zum Wald, der Eingang zum Hundeplatz oder eine große Kreuzung …

Ebenso gehört dazu das kontextbezogene Lernen: »Also, in der Hundeschule klappt es super, aber sobald wir runter sind vom Hundeplatz, klappt nichts mehr.« Der Hundeplatz als Beispiel ist ähnlich zu betrachten wie das Warten vor dem Futternapf. Alle erreichten Trainingsziele verknüpft der Hund vorerst »nur« auf und

Die Leine ist keine Strafe, sondern hilft dem Hund, sich an seinem Menschen zu orientieren.

mit dem Hundeplatz. Es geht daher im nächsten Schritt darum, das dort Erlernte in anderer Umgebung, im einem anderen Kontext und in andere Abfolgen zu bringen. Ihr Hund hat womöglich schlicht noch nicht gelernt, dass er auch auf der Hundewiese im Park aus dem Spiel zurückgerufen werden kann – genauso wie in der Spielgruppe in der Hundeschule, wo das durchaus gut klappt. In dem Fall beginnen Sie auf der Hundewiese eben wieder am Anfang. Sie werden sehen, dass Ihr Hund diesmal zügig lernt und bald dasselbe Verhalten zeigen kann wie in der Hundeschule.
Zu guter Letzt ist Lernen immer auch ein hochsozialer Prozess. Das heißt, dass Ihr Hund zum Beispiel personenbezogen unterschiedliche Verhaltensweisen erlernt, genauso wie im Zusammenspiel mit anderen Hunden. Den einen findet er gut, den anderen nicht – und dabei bleibt es dann unter Umständen erst einmal. Die höchste soziale Komponente: Es gibt einen Lernenden und einen Lehrenden. Ich nenne Ihnen mal ein Beispiel: Ich habe mit meinen Hunden für die Begleithundeprüfung explizit das »Fuß«-Laufen geübt – Sie erinnern sich: am Bein kleben mit Blickkontakt, komme, was da will. Bei meinem Mann dagegen ist »Fuß« das, was für mich »Leine« ist, also lockeres Nebeneinanderhergehen. Helmut zeigt auf das Signal »Fuß« bei mir also etwas komplett anderes als bei meinem Mann. Und das ist auch völlig okay, weil wir darauf vertrauen können, dass Hunde schlau genug sind, zu unterscheiden, wer etwas sagt und was damit gemeint ist.
Der Vollständigkeit halber lassen Sie mich bitte erwähnen, dass Ihr Hund Sie nicht braucht, um etwas zu lernen. Er kann auch wunderbar alleine lernen. Die Frage ist allerdings: Sind Sie sicher, dass Sie das wollen? Lernt Ihr Hund alleine, sind es meist Verhaltensweisen, die wir nicht wollen: Vögel jagen, am Zaun bellen, fressen, was auf dem Tisch herumsteht.

Nicht gleich in die Vollen gehen

Umweltgewöhnung und Generalisierung brauchen Zeit. Denken Sie nur mal zurück an die Zeit, als Sie Ihren Führerschein gemacht haben. Wie aufregend war damals die erste Nachtfahrt, das erste Mal einparken, das Wenden in drei Zügen? Wie hat es sich angefühlt, das erste Mal in einer fremden Stadt oder einem anderen Land Auto zu fahren? Heute ist das alles wahrscheinlich längst ein alter Hut, weil sie es seitdem unglaublich oft gemacht haben. Das ist Generalisierung. Sie braucht Zeit und Gelegenheiten.
Nehmen Sie sich diese Zeit auch, um die Leinenführigkeit zu üben. Laufen Sie am Anfang zwei Minuten an der Leine und machen Sie dann zwei Minuten Pause. Dann geht es wieder weiter mit »Leine« und zwei Minuten später erneut mit »Pause«. In der Pause darf Ihr Hund sich entspannen, schnüffeln oder sich sonst wie beschäftigen. Kurz: Er hat frei.

Stocken Sie jeden Tag eine Minute »Leine« auf und verlängern Sie das Laufen gegenüber der Pause. So sollten Sie innerhalb eines Monats bei etwa einer halben Stunde Leinenführigkeit sein – mit einem deutlich motivierten und lockeren Hund an Ihrer Seite.

Leinenführung setzt Orientierung voraus – und vice versa. An der Leine machen Sie die Leine lang. Freuen Sie sich einfach mal so, lächeln Sie Ihren Hund an und bewegen Sie sich rückwärts. Folgt Ihnen Ihr Hund, lächeln Sie weiter, drehen sich mal nach rechts und mal nach links. An der Leine laufen soll unbedingt Freude machen. Ihnen und Ihrem Hund. Ich nutze deswegen auf einem Spaziergang jede Parkpollerstrecke oder Baumallee dafür. Laufen Sie weniger geradeaus! Seien Sie lieber abwechslungsreich in Ihren Bewegungen, damit bleiben Sie für Ihren Hund spannend und gehen in die körpersprachliche Kommunikation.

Leinen los?

Das klappt alles nicht nur an der Leine. Sie können genauso auch den Freilauf für die Orientierung nutzen. Machen Sie sich dazu einfach mal kurz interessant und schlagen Sie zum Beispiel Haken oder drehen Sie sich. Für Ihren Hund ist es immer spannend, wenn Sie nicht vorhersehbar sind. Nutzen Sie auch hier wieder die Selfiekamera Ihres Handys, damit Sie ihn immer im Blick haben, ohne sich zu ihm umdrehen zu müssen. Sie wissen schon: Er soll auf Sie schauen, nicht umgekehrt. Kommt er zu Ihnen, belohnen Sie ihn dafür.

Bevor Sie Ihren Hund aber überhaupt ableinen, erklären Sie ihm bitte, dass das »Klicken« des Karabiners nicht automatisch bedeutet, dass er nun wie ein Verrückter losrennen soll, sondern sich auch weiterhin an Ihnen orientieren darf. Am besten üben Sie das schon im Welpenalter beziehungsweise direkt, wenn der Hund bei Ihnen einzieht. Und zwar so:

Training: Ableinen

1. Sie greifen ans Halsband oder Geschirr – und geben dem Hund einen ersten Keks.
2. Sie klickern mehrmals mit dem Karabiner – noch ein Keks.
3. Nun lösen Sie den Karabiner und da Ihr Hund bei Ihnen bleiben wird, gibt es wieder einen Keks.
4. Nun beginnen Sie sich ruhig zu bewegen. Schicken Sie Ihren Hund nicht weg, Sie wollen doch, dass er sich weiter an Ihnen orientiert. Also lassen Sie das auch zu. Sollte er doch wider Erwarten gleich losschießen, gehen Sie zurück zu Schritt 2, lassen zunächst nur die Leine fallen und belohnen das »Bei-Ihnen-Bleiben« etwas länger.

»Aber der muss doch auch mal rennen?!«, höre ich Sie schon wieder nachdenken. Und ja, selbstverständlich soll Ihr Hund rennen und laufen und schnüffeln dürfen. Maximale Freiheit erreichen Sie aber nur in einem schrittweisen Aufbau und dazu gehört immer die Anfangsorientierung. Wenn Sie Ihrem Hund beibringen, dass Sie ihn im Freilauf wegschicken, am besten während Sie selbst dazu noch Ihr Handy rausholen und sich mit Nachrichten oder Ähnlichem beschäftigen, ist das nicht nur unhöflich, sondern auch schlecht für die Beziehung. (Neudeutsch sagt man Phubbing dazu und nebenbei: Ich mag es auch nicht, wenn ich mit Menschen zusammensitze und jeder spielt, textet oder scrollt auf dem Handy herum.) Das ist keine Kommunikation. Ganz abgesehen davon, dass sich Ihr Hund in so einer Situation ebenfalls sagt: »Okay, dann mach ich halt auch mal mein Ding.«

Machen Sie es mit Ihrem Hund anders. Spüren Sie gemeinsam Maulwurfshügel auf oder balancieren Sie zusammen über einen umgefallenen Baumstamm. Tauchen Sie im Sommer Ihre Füße ebenso ins Wasser wie Ihr Hund und rennen Sie mal zu zweit dem Ball oder Dummy hinterher. Haben Sie gemeinsam Freude an gegenseitiger Orientierung und der Verbindung zueinander. Das ist Klebstoff für Ihre Beziehung und unterstützt jegliches Training in Bezug auf Orientierung. Deswegen ist es auch für den Hund am Anfang gar nicht schlimm, wenn Sie ihn etwas länger an der Leine sichern und er noch keinen maximalen Freiraum genießen kann.

Einfach Leinen los und ab die Post? Viel besser ist es, gemeinsam zu laufen, zu spielen und die Natur zu erkunden. Denn das festigt die Bindung.

Ein Beispiel aus meinem Trainingsalltag

OLAF

Olaf war ein fünf Jahre alter Golden Retriever und gehörte zu den Hunden, die das sogenannte Grinning zeigen. Diese Hunde ahmen, wenn sie oft angelächelt werden, unsere Mimik in einer Art Grinsen nach. Noch dazu standen in Olafs unterer Zahnreihe zwei kleine Zähne minimal hervor. Ich musste ihn einfach sofort anlächeln und ab da hatte er bei mir den Spitznamen »Mausezahn« weg. Karola, Olafs Besitzerin, aber nahm dieses entzückende Detail gar nicht mehr wahr. Sie war eine reizende Frau mittleren Alters und von eher ruhiger Natur. Bei unserem ersten Termin war sie still und zurückhaltend, ihre Augen sprachen aber dafür, dass in ihr ein witziges Talent schlummerte. Ihr verschmitztes Lächeln verriet mir, dass da »mehr« war. Damals allerdings war sie nur noch genervt, gestresst und regelrecht verzweifelt. Denn Olaf zog draußen wie verrückt an der Leine und bellte unentwegt.

Dabei hatte Karola, zumindest formal gesehen, doch alles richtig gemacht und war von Anfang an mit ihm in der Hundeschule gewesen. Und dort klappte auch alles wunderbar – bis zu dem Moment, wenn sie beide den Übungsplatz verließen, schilderte sie mir. Dann zog Olaf an der Leine wieder wie ein Irrer in alle Richtungen, nur nicht in die, in die Karola laufen wollte. Mit einem halbwegs entspannten Spaziergang hatte das überhaupt nichts mehr zu tun.

Ein Café- oder Restaurantbesuch, selbst im Sommer auf einer Terrasse, war unmöglich, weil Olaf bellte und bellte und bellte … An einen entspannten Spaziergang war schon gleich gar nicht zu denken. Glauben Sie mir: So ein ausgewachsener Golden-Retriever-Rüde hat ein beeindruckendes Stimmvolumen und kann sich ordentlich in die Leine hängen.

Was Karola besonders betrübte: Ihr Mann und sie fuhren sehr gerne mit dem Wohnmobil in den Urlaub, allerdings schrumpfte die Auswahl an Campingplätzen immer mehr, weil Olaf auch dort nicht zur Ruhe kam und unentwegt bellte, sobald man aufhörte, Dummys zu werfen.

Das Problem: komplette Überforderung

Was Karola nicht wusste: Ihr Hund bellte, weil er völlig überfordert war und nicht gelernt hatte, was er stattdessen zeigen sollte. Also bauten wir bei Olaf alles, aber wirklich alles neu auf. Wir trafen uns zweimal in der Woche, wovon einmal immer ein Stadttraining an der Leine auf dem Plan stand. Wir konzentrierten uns dabei zu Beginn nur auf die »Belohnungspunkte«, wenn Olaf neben Karola lief, und auf Karolas Körperhaltung. Für sie war wichtig, dass jemand sie abschirmte. Sie wollte nicht »auffallen« – und so hatte Olaf hier schlicht Erfahrungsdefizite im alltäglichen Spazierengehen. Ich verstehe das. Keiner mag negativ auffallen, weil sein Hund andauernd bellt oder permanent an der Leine zieht. Und doch müssen wir genau das manchmal in Kauf nehmen. Müssen die Umwelt ausblenden und die Blicke oder Meinungen anderer einfach ignorieren.

Ungestümheit kann ein Zeichen von Überforderung sein, wenn ein Hund nicht weiß, was zu tun ist.

Wir begannen Olafs Verhalten »einzufangen«, indem wir uns in der ersten Stunde darauf konzentrierten, den Moment zu loben und Olaf einen Keks zu geben, wenn er quasi »zufällig« auf Karolas Höhe lief. Dann bauten wir sehr zügig spannende Richtungswechsel ein, für die Karola die Leine etwas länger ließ, Slalom lief und sich schon fast tanzend um 180 Grad drehte. Jedes Mal, wenn Olaf aufschloss oder sich orientierte, lobten wir das und er bekam eine Futterbelohnung. Okay, was sich hier so einfach liest, dauerte in Wirklichkeit mehrere Monate. Schließlich hatte Olaf sein Verhalten fast fünf Jahre lang ordentlich gefestigt. Aber er lernte kontinuierlich – und Karola war eine tolle Trainingspartnerin.

Wir arbeiteten in Parks, in Freilichtmuseen, in Einkaufsstraßen und ich schoss bei jedem Training Bilder und Videos, um für Karola ihren Fortschritt zu dokumentieren. Als wir uns die Bilder später gemeinsam noch einmal ansahen, wurde deutlich, wie großartig die beiden sich eingespielt haben: Karola wuchs mit jeder Woche gefühlt mindestens einen Zentimeter und ihre gesamte Haltung änderte sich. Und Olaf? Der hatte es schlicht nicht mehr nötig, zu bellen und permanent in der Leine zu hängen. Er war jetzt ein toller Begleiter für Karola. Und Karola war eine tolle Begleiterin für Olaf. Und was Karola besonders freute: Sie hatten nicht nur wieder gemeinsam Freude an Spaziergängen, sondern auch im Urlaub.

FREILAUF – ABER ZU ZWEIT

Was mit der Leine gilt, gilt erst recht ohne: sich am Mensch orientieren zu können gibt Sicherheit. Deshalb sollte der sich auch im Freilauf voll und ganz auf seinen Hund einlassen.

Ploppte nach der Lektüre des letzten Kapitels in Ihrem Kopf die Frage auf, ob ich vor dem Thema Freilauf nicht etwas Wichtiges vergessen hätte? Den Rückruf zum Beispiel? Das war aber kein Versehen! Wenn ich es ganz genau nehme, brauchen Sie nämlich gar keinen Rückruf. Ich weiß: So einen Satz als Hundetrainerin zu schreiben, könnte schon fast als Affront durchgehen. Und ich sehe schon die Schlagzeile: »Hundetrainerin behauptet: ›Rückruf ist überflüssig.‹« (Bitte lesen Sie diesen Satz sehr schmunzelnd.) Aber wenn Sie den Namen Ihres Hundes gut trainiert haben (siehe Seite 14 ff.), dann haben Sie ja bereits ein Signal, das unter jeder Ablenkung und in jeder Umgebung funktioniert. Sie können die Aufmerksamkeit Ihres Hundes also bereits jederzeit auf sich umlenken. Allerdings haben wir bisher nur an der ersten engen Orientierung gearbeitet. Jetzt geht es um den Umkreis.

UNTERSTÜTZUNG AUCH OHNE LEINE

»Kontrolle durch Freiheit« ist ein Satz, den ich relativ häufig höre, vor allem bei Tierschutzhunden beziehungsweise Hunden des sogenannten Urtyps (wie Husky, Malamute oder Akita Inu). Was ich dann häufig sehe, ist eine mindestens zehn Meter lange Schleppleine am Geschirr und ein Hund, der zwar irgendwie gemanagt wird, aber so gut wie gar keine Rückorientierung zu seinem Halter zeigt. Damit lässt man seinen Hund alleine in der sozialen Kommunikation – alleine mit Umweltreizen, anderen Menschen und Hunden. Und damit kann nicht jeder Hund gut umgehen. Mehr noch: Viele sind unterwegs schlichtweg überfordert in ihrer Handlungskompetenz und bräuchten umso mehr Unterstützung und »Rücksprache« mit ihrem Menschen. Nicht selten greife ich hier als Erstes ein, wenn ich zum Training mit einem Hund gerufen werde, der angstaggressives Verhalten zeigt.

Dass sich der Hund auch im Freilauf an seinem Menschen orientiert, muss genauso geübt werden wie alles andere.

Dennoch ist der oben genannte Anspruch »Kontrolle durch Freiheit« tendenziell richtig. Ich baue hündische Freiheit und damit die Freiheit des Halters jedoch etwas anders auf. Beispielsweise neigen viele Menschen dazu, ihren Hund im Freilauf oder kontrollierten Freilauf an der Schleppleine körpersprachlich von sich wegzuschicken, gerne unterstützt – ganz unbewusst natürlich – von einer dynamischen Handbewegung Richtung Ferne, einem Schritt nach vorne und einem motivierenden »Lauf«. Sie haben keinerlei schlechte Absichten, sondern möchten sich im Gegenteil daran erfreuen, dass der Hund seine Freiheit hat. Leider merken sie nicht, wie sie dabei vieles, was sie vorher erarbeitet haben, für den Hund ad absurdum führen: Erst soll er dicht bei ihnen an der Leine laufen und dann, wenn es umso mehr darauf ankommt, eine gute Orientierung und Bindung zueinander zu haben, schickt man ihn mehr oder minder aktiv weg. Um ihn dann wieder zurückzurufen. »Was soll das denn?«, denkt sich da so mancher Vierbeiner. »Der weiß aber auch nicht, was er will. Einerseits soll ich mich nah an ihm orientieren, ihm vertrauen, dass er mich durch vielleicht gruselige Situationen führt und unterstützt. Und zack, kaum ist die Leine ab und meine Welt wird viel größer, sodass ich viel mehr Situationen erfassen muss, werde ich weggeschickt und soll alles alleine regeln?«

Training: Freilauf mit Radius

Das brauchen Sie: Geschirr, Schleppleine (maximal 7,5 Meter lang)

1. Markieren Sie auf Ihrer Schleppleine wieder mit farbigem Klebeband oder einer Schnur die Stelle ca. einen Meter vor deren Ende. Das ist Ihr »Nicht-so-weit-Punkt«.
2. Machen Sie dann die Schleppleine am Geschirr fest. Sie möchten erreichen, dass Ihr Hund auf das Signal »Nicht so weit« selbstständig Tempo rausnimmt, um innerhalb des Radius zu bleiben. Setzen Sie die Schleppleine niemals als »Ruckzuck-Impuls«-Signal ein. Ziel sollte es immer sein, dass sie nicht straff gespannt ist.
3. Beginnen Sie mit einem kleineren Radius. Dadurch lernen Sie gemeinsam, aufeinander zu achten. Später können Sie den Radius dann schrittweise erweitern. Ich wünsche mir, dass Ihr Hund zunächst lernt: »In einem Radius von sieben Metern um Herrchen/Frauchen herum darf ich im Freilauf (fast) alles tun, was ich möchte. Darüber hinaus hört meine Welt auf.«
   Sie fragen sich, woher Ihr Hund denn wissen soll, was sieben Meter sind? Hunde sind sehr gut darin, Entfernungen zu lernen und einzuschätzen. Das ist beispielsweise bei der Jagd oder im Spiel mit anderen unabdingbar. Glauben Sie mir also: Ihr Hund lernt ganz schnell, welche Distanz sich gut anfühlt im Sinne der eigenen Freiheit.

SICHERHEITSTIPPS ZUM UMGANG MIT DER SCHLEPPLEINE

Legen Sie das Ende der Schleppleine immer in die flache Hand, führen Sie es danach von innen nach außen in Richtung Ihres Körpers über den Daumen und schließen Sie dann die Hand zur Faust.

Damit stellen Sie sicher, dass Ihnen die Schleppleine nicht durch die Handfläche rutscht – das gibt nämlich schlimme Verbrennungen und Hautverletzungen und kann im schlimmsten Fall, je nach Gewicht und Kraft des Hundes, sogar einen Mittelhandbruch verursachen. Außerdem sind Sie so im absoluten Notfall sofort in der Lage, die Leine loszulassen – Sie müssen nur die Hand öffnen.

Wickeln Sie die Schleppleine wie einen Wollfaden immer in großen Schlaufen auf, wenn sich der Radius Ihres Hundes verringert, und geben Sie in großen Schlaufen wieder nach, wenn er sich vergrößern soll.

Beim Training mit der Schleppleine sind Sie wie das Zentrum einer Zielscheibe – allerdings arbeiten Sie sich nicht wie beim Dartspielen von außen nach innen vor, sondern im Vertrauens- und Freiheitsradius von innen nach außen. Wird die Leine straff und Ihr Hund tut sich noch schwer mit dem Prinzip, dann bleiben Sie stehen, drehen sich von ihm weg und warten auf das Gefühl in Ihrer Hand, dass sich die Leine wieder lockert. Glauben Sie mir, das spüren Sie, auch ohne hinzusehen. Und dann belohnen Sie Ihren Hund dafür mit einem Keks.

4. Innerhalb des Radius darf Ihr Hund nun »schnüddeln« gehen (das ist ein Hamburger Ausdruck für Freizeitmodus). Nimmt der Hund selbstständig Blickkontakt zu Ihnen auf, loben und bestätigen Sie das am Anfang bitte immer mit einem Keks. (1)
5. Erreicht Ihr Hund (hier ist egal, ob hinter oder vor Ihnen) die markierte »Gleich-ist-die- Leine-zu-Ende-Stelle«, geben Sie das »Nicht-so-weit-Signal« und werfen ihm direkt einen Keks zu. Sollten Sie sehr gut zielen, werfen Sie es ihm direkt vor die Schnauze. Es kann am Anfang aber auch gut sein, dass Sie Ihren Hund irgendwo treffen. Das macht nichts. (Ich gebe zu: Ich kann nicht gut werfen, aber mit Keksen treffe ich gut.) Und dann darf er im Anschluss wieder schnüddeln gehen. (2)

6. Es bietet sich an, dass Sie sich, auch wenn das entgegen der menschlichen Natur ist, nicht immer nur geradeaus bewegen. Ändern Sie häufig die Richtung, gehen Sie mal abseits vom Weg auf einem Stück Grünfläche oder ein Stück in den Wald hinein. Ziel ist, dass Ihr Hund so wenig wie möglich vorhersieht, wo es langgeht. Jede Orientierung an Ihnen loben Sie am Anfang ausführlich freudig mit Ihrem Lobwort und dazu gerne noch mit einem Keks. Reminder: Verhalten, das sich lohnt, wird häufiger gezeigt.
   Viele Hundebesitzer kündigen verbal an, wenn sie die Richtung wechseln. »Hier lang!«, »Bonnie rechts!« und Ähnliches höre ich zum Beispiel im Wald immer wieder. Machen Sie das nicht. Sie wollen Ihren Hund draußen ebenso wenig »totquatschen« wie drinnen. Ihr Körper ist bereits das Signal – und warum im Training Unnötiges ergänzen, wenn weniger doch ausreicht. Ganze Sportarten funktionieren in Perfektion fast ausschließlich über Körpersprache, so wie Agility, Dummytraining, Longieren oder auch Heelwork (die englische Perfektion der Fußarbeit).
   Beim Richtungswechsel reicht allein das Eindrehen der Schultern gepaart mit der Richtungsanzeige des Brustbeins als Signal aus (siehe Seite 56). Ihr Hund wird dies wahrnehmen und sich daran orientieren. Probieren Sie es aus! Gehen Sie ganz entspannt durch die Gegend und konzentrieren Sie sich bewusst auf eine neue Richtung. Nun nehmen Sie die Schulter, an deren Seite Ihr Hund sich befindet, aktiv in die neue Richtung mit. Ich verspreche Ihnen: Ihr Hund wird sich mit eindrehen. Es braucht so viel weniger, als üblicherweise trainiert oder erklärt wird. Denn unsere Hunde sind Meister der Beobachtung und der Körpersprache. Voraussetzung ist, dass wir ihnen die Gelegenheit geben, diese zu erfahren und zu erlernen.

VERSTECKEN? BESSER NICHT!

Von sogenannten Versteckspielen, bei denen Ihr Hund Sie suchen soll, wenn er unaufmerksam ist, rate ich ab. Bei einigen Hunden verstärkt dies Angst und Unsicherheit und kann dazu führen, dass sie sich vor lauter Verlustängsten gar nicht mehr von Ihnen trennen können. Das bedeutet aus der Perspektive des Hundes vor allem Stress und Ängste – und wir wünschen uns doch alle einen sicheren, souveränen Begleiter und keinen »Schietbüddel« (Hamburgerisch für Angsthase).

7. Jetzt kommt nach Ihren Schultern noch Ihre Blickrichtung dazu. Denn glauben Sie mir: Sie können Ihren Hund allein mit Ihren Blicken lenken. Als Beispiel dafür hier ein häufig ungewollt gelerntes Verhalten: Ihnen kommt ein Hund entgegen, der Ihnen nicht geheuer ist. Die meisten Menschen sprechen Ihren Hund dann zwar beruhigend an und laufen weiter, behalten den anderen aber die ganze Zeit über fest im Blick. Dadurch kommt auch ihr Hund schnell ins Starren. Kein Wunder, man vermittelt ihm körpersprachlich ja auch genau das.
   Zum Glück lässt sich das leicht ändern beziehungsweise dem vorbeugen. Wenn Sie einen Reiz für Ihren Hund leichter »umgehbar« machen wollen, blicken Sie selbst daran vorbei, darüber hinweg oder, wenn Sie das schaffen, gleich in die komplett andere Richtung.

Training: Becherspiel

Probieren Sie die Sache mit dem Blickkontakt zu Hause, beispielsweise mit Leckerlisuche unter Bechern. Was Ihr Hund dabei beobachtet, ist wirklich interessant und wichtig und lässt Sie in seiner Wertschätzung bezüglich Ihres »jagdlichen« Talents in seinen Augen weiter aufsteigen.

Das brauchen Sie: mehrere Plastikbecher oder Blumentöpfe, Leckerli

1. Platzieren Sie drei Plastikbecher oder Blumentöpfe im Abstand von 0,5 bis 1 Meter auf dem Boden und verstecken Sie unter einem davon einen Keks.
2. Nun rufen Sie Ihren Hund, lassen ihn vor den Bechern absitzen und starren ganz bewusst auf den Becher mit dem Keks.
3. Dann schicken Sie Ihren Hund in die Suche. Die meisten Hunde beginnen mit dem Becher, den ihr Mensch vorher angeschaut hat. Sie können das Ganze noch ausbauen, indem Sie einen ganzen Kreis aus Bechern aufstellen.

Aber noch mal zurück zur Orientierung: Ist Ihnen bewusst, dass Ihr Hund seine nächste Richtung mit dem Brustbein anzeigt und so gewissermaßen »blinkt«? Im Mantrailing kann ich das jede Woche beobachten: Wenn sich die Richtung der Fährte ändert, schaut der Hund schon vorher immer wieder dorthin. An der »geruchlichen« Kreuzung dreht er dann zuerst sein Brustbein in die neue Richtung. Das machen wir uns in der nächsten Übung zunutze.

Training: Orientierungsviereck

Fürs Orientierungsviereck benötigen Sie nichts weiter als ein wenig Platz auf einer Wiese oder einer anderen Fläche (etwa ein leerer Parkplatz). Ziehen Sie darauf in Gedanken ein großes Quadrat und merken Sie sich die Position der vier Ecken. Das sind Ihre Orientierungspunkte.

1. Nun laufen Sie mit Ihrem Hund an der lockeren (Schlepp-)Leine los.
2. An den Eckpunkten drehen Sie sich deutlich ein: Zuerst gucken Sie in die neue Richtung, dann folgen erst die Schulter und schließlich die Hüfte und das Bein. Beim ersten Mal muss bei dieser Übung eigentlich jeder lachen, weil man plötzlich merkt, wie wenig bewusst wir unseren Körper bewegen. Ich liebe diese Übung aber sehr, weil es umso mehr verdeutlicht, wie toll unsere Hunde sind, dass sie das Wichtige unserer Körpersprache herausfiltern können, obwohl wir aus Hundesicht uns wohl manchmal eher wie der Elefant im Porzellanladen durch den Alltag bewegen. (1)
3. Folgt Ihr Hund Ihrer Richtung, loben Sie ihn bitte, wenn er zu Ihnen aufgeschlossen hat. Zugegeben: Das kann bei den ersten Wiederholungen etwas dauern. Bleiben Sie einfach geduldig stehen, Ihr Hund wird sich irgendwann eindrehen und dann loben Sie ihn verbal und dazu darf er auch hier wieder einen Keks bekommen. So wird er es schnell verstehen, wenn Sie aus seiner Sicht endlich beginnen, sich »eindeutig« zu bewegen. (2)
4. Laufen Sie das Viereck mal in die eine, mal in die andere Richtung. Für noch mehr Abwechslung sorgt das »Haus vom Nikolaus«.

1

2

Training: Slalom

Vielleicht gibt es auf Ihrer Gassirunde eine Baumallee oder eine Reihe von Pollern, die Sie im Slalom umrunden können. Sehr gut! Auch so können Sie nämlich üben, dass Ihr Hund mehr auf Sie achtet und sich an Ihnen orientiert. Wie schon gesagt: Alles, was nicht immer nur einfach geradeaus geht, hilft hierbei. Und so gehen Sie vor:

1. Bevor Sie anfangen, platzieren Sie Ihr Handy so, dass Sie sich gut aufnehmen können, während Sie laufen. Reflexion im Training ist sehr wichtig, insbesondere was unser größtes Kommunikationsmittel angeht: Mimik und Körpersprache.
2. Laufen Sie nun erst einmal alleine in großen Bögen (Ihr Hund soll ja später neben Ihnen auch noch Platz haben) im Slalom einmal durch die Hindernisse (Bäume, Poller). Achten Sie dabei ganz bewusst auf Ihre Körperachse (sprich darauf, Ihre Schultern aktiv als Richtungsanzeiger einzusetzen). Sie müssen nicht bewusst gerade laufen oder sich extra steif machen. Gehen Sie in einem normalen beschwingten Tempo.
3. Stoppen Sie die Aufnahme und werten Sie erst einmal aus, was Sie sehen. Haben Sie die Schulter, die zum Hindernis zeigte, zuerst eingedreht? Oder war es die andere? Wie sollte es eigentlich aussehen? Sie dürfen hier gerne genauso pingelig sein, wie ich es bin. Gerade am Anfang empfehle ich, die Körpersprache überdeutlich auszuführen. Es ist schließlich eine neue Sprache, die Sie da mit Ihrem Hund zu sprechen beginnen. »Sprechen« Sie also langsam und deutlich. Nicht laut.
4. Nun nehmen Sie Ihren Hund dazu. Laufen Sie motivierend und freudig los und drehen Sie sich bei jeder Bewegung mit aufmunternder Körpersprache ein. Achten Sie darauf, dass Sie den Slalom flüssig durchlaufen und nicht stoppen, sonst wird Ihr Hund auch stoppen. Am Ende der Strecke drehen Sie dann eine Acht und laufen zurück.
   Um ganz penibel zu sein: Bei Hindernissen, bei denen Ihr Hund außen läuft, muss er mehr Geschwindigkeit aufnehmen, um aufzuschließen, weil der Bogen für ihn größer ist. An Hindernissen, bei denen er innen läuft, muss er seine Geschwindigkeit entsprechend drosseln.
5. Als Steigerung können Sie nun anfangen, am Karabiner zu klickern und mit »Ableinen« üben (siehe Seite 64). Um weiterhin die Orientierung zu halten, versuchen Sie auch ohne Leine das Gleiche zu machen wie zuvor mit Leine. Die häufigste Beobachtung dabei ist, dass wir unsere Arme bereits anders halten als mit Leine. Achten Sie also noch mehr auf eine klare Körpersprache.

Das Tolle an dieser Übung: Sie können sie mit jedem Hund üben, ganz egal, wie alt er ist. Außerdem lässt sie sich beliebig erweitern und zur Not kann man sogar mit Stühlen im Flur zu Hause üben – am besten auch dort an der Leine. Mit zur Königsklasse gehören für mich die Slalomstangen vom Hundeplatz. Sie sind meines Erachtens eines der schwierigsten Elemente überhaupt, weil sie von beiden Seiten unglaublich viel Bewusstsein für den eigenen Körper erfordern.

DEI KUNST DES »ZUHÖRENS«

Hunde sind für uns Familienmitglieder und Sozialpartner. Wir schätzen ihre Fähigkeiten in vielen Bereichen, sei es als Spürhunde für Substanzen, als Rettungshunde in Trümmer- oder Lawinengebieten, als Mantrailer, als Wasserrettungshunde, als Schutzhunde im Dienstwesen oder im Militär. Wir benötigen ihre Unterstützung für Menschen mit Diabetes, als Epilepsiewarn- und Blindenführhunde. Sie kommen immer öfter im emotionalen Bereich zum Einsatz, als tierische Unterstützung in Schulen und Kitas, in Seniorenheimen oder bei posttraumatischen Belastungsstörungen. Ich könnte diese Liste noch seitenlang fortführen. Und in all diesen Bereichen benötigen wir nicht nur die reine Funktionalität unserer Hunde, sondern vor allem ihre enorme und immer noch völlig unterschätzte emotionale Intelligenz.
Hunde kommunizieren mit uns. Sie setzen das »Kuschelhormon« Oxytocin in uns frei und lösen so Bindungswünsche in uns aus – und mit ihnen geschieht dasselbe. Oxytocin ist für Hund und Mensch gleichermaßen ein hormoneller Bindungskleber. Und was tun wir? Wir sprechen von Führung, von Kontrolle, von Erziehung. Dabei erfordert die Kunst in der Kommunikation Klarheit im Wissen darum, was man sagen will. Begeben Sie sich auf die Ebene des aktiven »Zuhörens«. Lassen Sie sich auf Ihren Hund ein und »hören« Sie ihm zu. Das heißt auch, dass Sie Ablenkungen wie Handy oder Musik für die Zeit des Spaziergangs ausschalten. Vielleicht merken Sie, wie schwer es Ihnen fällt, sich jenseits aller Erziehungs- und Trainingsaufgaben auf dieses Gespräch wirklich einzulassen. Versuchen Sie es dennoch! Es eröffnet sich Ihnen eine völlig neue Welt. Dazu wieder eine kleine Aufgabe:

☞ Zählen Sie bitte einmal auf der nächsten Gassirunde mit, wie oft Ihr Hund Ihnen einen Blick schenkt, den Sie unkommentiert lassen. Und, wie viele haben Sie gezählt?

Ein Beispiel aus meinem Trainingsalltag

QUEEN

Ich lernte Tanja und ihre Rehpinscherhündin 2018 kennen, Queen war damals zweieinhalb Jahre alt. Für Tanja war sie alles – kein Wunder, bei dem Namen. Queen war unglaublich lernwillig und auf Zack. Gleichzeitig war sie unglaublich schnell in ihrer körperlichen Reaktionsfähigkeit – und ließ sich entsprechend schnell von Außenreizen ablenken. Tanja hatte mit Queen wahrlich keinen Problemhund an ihrer Seite und dennoch vermisste sie die innige Bindung, die sie laut ihrer Beschreibung zu ihren früheren Hunden gehabt hatte.
Tanja war bezogen auf ihre eigenen Fähigkeiten im Training eine Traumklientin. Sie wusste, was ein Marker- beziehungsweise Lobwort war ,und hatte grundsätzlich ein gutes Verständnis für das richtige Timing im Loben und Füttern. Dazu kam: Queen war ein sehr futtermotivierter Hund. Gute Voraussetzungen eigentlich!

Das Problem: zu viel Aufmerksamkeit

Tanja war alleinstehend und Queen ihr ganzer Lebensinhalt. Zu Hause erlebte ich einen tiefenentspannten Hund, der sich friedlich dösend auf dem Sofa einrollte und dort entspannen konnte. Draußen jedoch tippelte sie nervös und hektisch von A nach B und war von Tanja nur mit lauter Stimme ansprechbar. Die hatte schon sämtliche Beschäftigungsarten mit Queen durch: Agility, Mantrailing, Dummy, Geruchsdifferenzierung, Longieren, Tricks … Und Queen zeigte sich dabei auch immer arbeitsfähig, allerdings auch immer nur für eine begrenze Zeit. Nach fünf Minuten verlor sie das Interesse, orientierte sich wieder am Außen und ignorierte ihr Frauchen. Tanja wurde dann stets ungeduldig und lauter, zerrte an Queens Geschirr oder Halsband herum und lächelte kaum noch. Für mich hatte das fast den Anschein, als bettelte Tanja verbal und mit Leinenimpulsen um die ungeteilte Aufmerksamkeit ihres Hundes.
Tanja wünschte sich, dass »Queen endlich hört und draußen mit mir Spaß haben kann«. (Kurzer Einschub meinerseits: 95 Prozent aller Hundebesitzer würden sich wegen Queens toller Grunderziehung ein Loch in den Bauch freuen. Das war also nicht das Kernproblem.) Also stellte ich das Training komplett um: Ich schenkte Tanja ein Sparschwein und ihre erste Aufgabe bestand darin, jedes Mal 10 Cent hineinzustecken, wenn sie Queen anschaute, ohne etwas von ihr zu wollen oder sich auf ein Erlebnis mit ihr einzulassen. Für jeden Leinenimpuls legten wir einen Euro fest, für jede laute Ansprache zwei. Nach einer Woche rief Tanja mich an und sagte: »Du hast mir gerade den ersten Urlaub seit Jahren angespart« und lachte dabei herzlich. Gut, der Anfang war gemacht! Nun sollte Tanja das Sparschwein leeren und erneut einen Euro hineingeben, wenn sie Queen anlachte oder -lächelte. Prompt bekam ich die lustigsten Videos, auf denen Tanja ihre Queen breit grinsend und in freundlichstem Ton »Du kleine Hexe« nannte, wenn diese nicht das tat, was sie

Rehpinscher lassen sich leicht ablenken. Aber sie können lernen, sich am Menschen zu orientieren.

sich wünschte. Diesmal dauerte es gerade mal drei Tage bis zum Anruf: »Kathi, du hast mir schon wieder einen Urlaub gespart.« Sehr gut!

Nun ging es ins gemeinsame Training. Zuerst erarbeiteten wir die »Fuß«-Position und darüber noch einmal neu die Umkreiskontrolle und auch das »Leine ab«. Und siehe da: Alles zusammen dauerte nur drei Wochen. Tanjas Hauptschwierigkeit in dieser Zeit war, nicht immer Blickkontakt zu Queen zu suchen. Aber nur so eröffnete sie ihrer Hündin überhaupt die Möglichkeit, sich an ihr zu orientieren (»Oh, hey, ich darf nach Frauchen gucken und dann fangen der Spaß, die Richtungswechsel, die gemeinsamen Aktivitäten erst an!«). Außerdem musste sie lernen, echte gemeinsame Erlebnisse zu kreieren, zum Beispiel Maulwurfshügel finden und Baumstämme umrunden.

Queen durfte lernen, dass Bindung mit Freude einhergeht – mit Freude an echter gemeinsamer Kommunikation und Freude an gemeinsamen Erlebnissen. Queen durfte lernen, dass es Freude macht, sich an Tanja zu orientieren. Dass es sich lohnt, den Umkreis einzuhalten, weil dann ein Stück Futter zu ihr fliegt. Und dass jeder Spaziergang zu einem Erlebnis wird statt zu frustrierendem Training, wenn sie gut auf Queen achtet.

»SUPERKLEBER« KOMMUNIKATION

Es braucht eigentlich nicht viel, um Hunde glücklich zu machen. Das Wichtigste sind Vertrauen und Kommunikation. Denn nichts lieben Hunde mehr, als gemeinsam mit ihren Menschen spannende Momente erleben zu dürfen.

Wir alle kennen dieses Bild: Ein Mensch läuft mit seinem Hund an der durchhängenden Leine durch die Straßen und der Hund lässt sich von nichts beeindrucken. »Das ist der perfekte Begleiter!«, heißt es dann meistens. »Genau«, denken auch Sie wahrscheinlich gerade, »stimmt doch!« Dann frage ich jetzt mal: »Perfekter Begleiter? Für wen denn?« Da trotten zwei Individuen, beide hochsoziale Lebewesen im verhaltensbiologischen Sinn, wortlos nebeneinanderher. Es findet keinerlei Interaktion statt. Und das soll ein erstrebenswerter Zustand sein?

Betrachten wir das gerne zusammen genauer: »Wir können nicht nicht kommunizieren«, hat es der Philosoph und Psychotherapeut Paul Watzlawick mal so treffend formuliert. Und was auf uns Menschen zutrifft, stimmt erst recht für unsere Hunde. Sie kommunizieren. Ständig. Und ohne Unterlass. Wegen der seitlich ausgerichteten Augen und der empfindsamen Ohren ist der Hund ständig mit uns im »Gespräch« oder sagen wir besser: Er ist komplett auf Empfang gepolt, auch wenn wir draußen »nur« nebeneinander herlaufen.

☞ Kleiner Test: Holen Sie während des Spaziergangs Ihr Handy heraus und beginnen Sie zu telefonieren. 99 Prozent aller Hunde werden daraufhin auch ihr eigenes »Gespräch« beginnen und schnüffeln, markieren etc. Überrascht Sie das?

Wenn Ihr Hund draußen nicht aufmerksam genug bei Ihnen zu sein scheint oder sich beispielsweise für jagdliche Reize (alles, was gut riecht oder sich schnell bewegt) interessiert, sollten Sie sich also erst einmal bewusst machen, wie viel Zeit der täglichen Gassirunden Sie wirklich bei ihm sind und gemeinsam mit ihm etwas erleben. Deswegen ist er schließlich an Ihrer Seite – und nicht um »vor sich hin zu trotten«. Aber lassen Sie uns von vorne beginnen …

GEMEINSAM STATT EINSAM

Zu den Mythen, wer zuerst durch die Tür gehen muss und warum ein Hund auf dem Sofa nicht automatisch zum Präsidenten gewählt wird, habe ich mich bereits geäußert. Nun geht es darum, wie Sie sich gemeinsam Anregungen und Ideen holen, die selbst aus 20 Minuten Spaziergang den tollsten Moment für Sie und Ihren Hund machen. Oder krasser formuliert: wie Sie echte Bindung und eine tiefe innige Beziehung zu Ihrem Hund bilden und erhalten. Denn Bindung und Beziehung fallen nicht vom Himmel, sondern entstehen durch Interaktion. Durch freundliche und ehrliche Ansprache, durch echte gelebte und erlebte Momente in gemeinsamer Freude. Sie entstehen nicht durch das Am-Rand-einer-Hundewiese-Stehen und das Ignorieren des Hundes. Deshalb zeige ich Ihnen jetzt zwei Übungen, die Sie einander näher bringen. Was Sie dazu brauchen? Zehn tolle Leckerlis für jede Aufgabe, wie immer weich und gut abschluckbar. Und die Lust, Neues zu probieren.

Training: Zahlen lohnen sich

1. Sprechen Sie Ihren Hund freundlich mit seinem Namen an. Reagiert er, bekommt er den ersten Keks.
2. Dann gehen Sie locker und beschwingt los und merken sich Ihre Telefonnummer; jede Ziffer steht ab jetzt für die Schrittfolge, in der Sie Ihren Hund belohnen, wenn er mit der Aufmerksamkeit bei Ihnen ist. (Mir ist hier nicht wichtig, ob der Hund zum Beispiel im »Fuß« läuft.) Also etwa so:
   0 = Keks sofort
   1 = Keks nach dem ersten Schritt
   7 = Keks nach dem siebten Schritt
   6 = Keks nach dem sechsten Schritt usw.
   Seien Sie erfinderisch: Sie können gerne auch einmal rückwärtsgehen oder zwischendurch eine 180-Grad-Drehung einlegen. Wichtig ist nur, dass Sie wirklich beschwingt und freudig laufen. Dann wird Ihr Hund Ihnen genauso beschwingt und freudig folgen.
3. Wenn Sie die ersten zehn Kekse verfüttert haben, freuen Sie sich mit Ihrem Hund, wie toll er bei Ihnen war, und schicken Sie ihn erst einmal wieder in die »Pause« (siehe Seite 52). Dadurch halten Sie die Spannung aufrecht. Die Abwechslung (Übung–Pause–Übung–Pause) führt dazu, dass Ihr Hund die Aufmerksamkeit bei Ihnen behält und ein interessantes Spiel daraus wird. Er darf und will Ihnen schließlich folgen, das ist für ihn keine Strafe, sondern Vergnügen. Dass er nicht weiß, wann die nächste Belohnung in der Interaktion mit Ihnen erfolgt, macht es spannend.

4. Steigern Sie je nach Alter Ihres Hundes bitte die Ablenkung nach und nach. Hier geht um die Belohnungsvariabilität und darum, die Aufmerksamkeit in der Orientierung Ihres Hundes zu erhalten. Hunde lernen sonst schnell »zählen«.
   (Klappt das noch nicht, zählen Sie eben anfangs nur bis 1 und loben und belohnen sofort. Haben Sie nun die Aufmerksamkeit Ihres Hundes, zählen Sie eins, nehmen einen Keks und belohnen. Wiederholen Sie das ungefähr 10-mal. Im nächsten Schritt sagen Sie dann eins, legen den Keks in Ihre Hand und warten eine Sekunde, bevor Sie loben. 5-mal. Dann zählen Sie bis zwei – und so weiter. Falls Ihr Hund mit Frust noch nicht gut umgehen kann, achten Sie unbedingt darauf, erst mal nicht länger als zwei Minuten mit ihm zu üben. Nutzen Sie Ihren Handywecker.)
5. Diese Übung mit der Telefonnummer ist übrigens auch ganz großartig, um den Richtungswechsel zu trainieren. Suchen Sie sich dazu drei Zahlen aus, die Ihren Richtungswechsel einleiten. Die anderen Zahlen geben vor, wie viele Schritte Sie dazwischen laufen. Jedes Mal, wenn sich der Hund bei der Drehung an Ihnen orientiert, gibt es – schwups – einen Keks.

Den Hund immer wieder zu überraschen, das hilft, um seine Aufmerksamkeit hochzuhalten.

VERTRAUEN UND FAIRNESS

Vertrauen ist nicht käuflich und sicherlich die Säule in der Mensch-Hund-Beziehung, die aufzubauen und zu festigen am längsten dauert. Denn um das Vertrauen unserer Hunde zu gewinnen, müssen wir an uns selbst arbeiten, nicht an ihnen.
Dazu gehört unbedingt, dass unser Verhalten aus der Sicht des Hundes vorhersehbar ist. Deshalb bin ich auch so entschieden gegen Strafe. Zwar höre ich, wenn es um dieses Thema geht, immer wieder, dass Hunde untereinander das doch auch machen würden. Und ja, das mag schon sein. Nur kündigen Hunde das viel klarer an. Ihr Timing ist viel besser. Und sie sind nicht emotionsgeladen. Das haben sie uns einfach voraus. Wir Menschen sind viel zu ungenau, um den Weg der »Korrektur«, wie es im »Hundedeutsch« heutzutage oft heißt, so exakt mit allen Stufen der Fairness im Sinne der Eskalationsleiter einzusetzen. Im Gegenzug bedeutet Fairness für mich im Zusammenleben mit Hunden, sich ständig zu hinterfragen: »Habe ich das Verhalten ausreichend trainiert, um es abverlangen zu können?«

»Ich stehe für meinen Hund ein.« Das ist ein Statement, das ich enorm wichtig finde. Vielleicht ist Ihr Hund nicht »perfekt«, vielleicht hat er Macken oder mag keine großen hellen Hunde oder keine kleinen schwarzen. Vielleicht ist er schüchtern und braucht lange, um Kontakt zu Artgenossen aufzubauen und sich zu entspannen. Das ist in Ordnung. Niemand außer Ihnen weiß, welche individuelle Reise Sie mit Ihrem Hund bereits hinter sich haben. Wenn Sie Helmut heute sehen, werden Sie sagen: »Ach, der ist so toll. Aber ist ja klar, als dein Hund.« Und nein, das war gar nicht klar. Es hat eineinhalb Jahre gedauert, bis er sich ohne Stress anfassen ließ, und fast sieben Jahre, bis er selbstständig körperliche Nähe suchte. Sieben Jahre, in denen ich ihm und mir ganz oft gesagt habe: »Du bist willkommen, so wie du bist.« Das alles sehen Sie heute nicht mehr.
Seien Sie also stolz auf das, was Sie bereits erreicht haben, und lassen Sie sich diese Schritte von niemandem kleinreden oder nehmen. Stehen Sie für Ihren Hund ein.

Training: Slalom für Fortgeschrittene

Ihr Hund hat Spaß daran, über Hindernisse zu klettern oder sie zu umrunden (oft typisch für Hüte- und Schäferhunde sowie einige Jagdhunde)? Dann dient diese Übung seiner natürlichen Bewegungsfreude. Im weiteren Verlauf können Sie die Distanz aufbauen und die Lauffreude Ihres Hundes als teiljagdlichen Ersatz gebrauchen. Gleichzeitig ist diese Übung sehr gut geeignet zur Rückorientierung und körpersprachlichen Orientierung an Ihnen – weg von Reizen. Nutzen Sie sie zur gemeinsamen Interaktion!

Das brauchen Sie: einen Baum, Poller, Laternenpfahl oder Ähnliches, um das Ihr Hund herumlaufen kann (wenn Ihr Hund Freude daran hat, können Sie später auch große Pfützen und Teiche zum Umrunden benutzen), Leckerlis

1. Führen Sie Ihren Hund freudig an das »Hindernis« heran und dann im ersten Schritt mit einem Leckerli in der Hand um es herum. (1)
2. Wenn der Kopf Ihres Hundes ganz um das »Hindernis« herum ist, geben Sie ihm das Leckerli frei. Achten Sie hier unbedingt auf das richtige Timing! (2)
3. Schritt 3 ist dann sofort das »Luftleckerli«. (Hier machen Sie genau die gleiche Handhaltung wie mit Keks in der Hand, nur eben ohne Keks.) Führen Sie Ihren Hund so um das Hindernis, bis sein Kopf wieder in Ihre Richtung zeigt, bewegen Sie sich freudig rückwärts (weg vom Hindernis) und freuen Sie sich über Ihren Hund, damit er motiviert zu Ihnen läuft. Jetzt belohnen Sie ihn.

4. Vergrößern Sie Ihre Distanz zum Hindernis um zwei, drei Schritte und »schicken« Sie den Hund darum, indem Sie sich selbst etwas in Laufrichtung (Kopfrichtung des Hundes) bewegen. Richten Sie sich dann wie in Schritt 2 erneut zurück und belohnen Sie Ihren Hund, wenn er wieder bei Ihnen ist.
5. Wenn die Schritte 1–3 schon gut klappen, führen Sie Ihr akustisches Signal ein. Bei mir heißt dieses Verhalten »Rum«. Beachten Sie dabei unbedingt die Reihenfolge der Lerntheorie: Erst das Signal sagen, dann folgt die Hand und dann bewegen Sie sich wieder seitlich beziehungsweise rückwärts. **Wichtig:** Üben Sie erst einmal immer nur eine Laufrichtung. Die andere Richtung braucht dann ein anderes Signal (beziehungsweise ist es, da Sie vermutlich auch die andere Hand benutzen, ein anderes Signal und ein anderes Verhalten Ihres Hundes). Das ist wie im Straßenverkehr: Ein weißer Pfeil auf blauem Grund, der nach rechts zeigt, ist ein anderes Signal als ein weißer Pfeil auf blauem Grund, der nach links zeigt. Und beides fordert ein anderes Verhalten.

Je sicherer der Hund wird, desto mehr kann man ihm »zumuten« und sich selbst auch aus der Übung herausnehmen.

WIE SIE FÜR IHREN HUND SEXIER WERDEN ALS EIN EICHHÖRNCHEN

Kommen wir zu den Eichhörnchen und damit zu einem meiner Lieblingsthemen, weil so viele Hundebesitzer hier ratlos sind oder schon komplett aufgegeben haben. Eichhörnchen sind für mich das Symbol für alle möglichen bewegten Reize, die Ihren Hund jagdlich motivieren könnten, hinterherzurennen. Sprich: eine tolle Fährte, ein Reh, eine Maus, ein Maulwurf, ein Vogel, ein Jogger, ein Reifen, ein Auto, ein Radfahrer …

Wenn ein Hund jagdliches Verhalten zeigt, muss das nicht allein seiner Genetik geschuldet sein. Es kann leider auch sehr gut erlernt werden, etwa durch Ballspiele oder ständiges Werfen sonstiger Gegenstände. Oft wird es auch ungewollt verstärkt, weil es vielleicht niedlich und witzig war, wie der Hund als Welpe im Herbst versucht hat, Blätter zu fangen, oder Vögel »verjagen« wollte.

Wäre jagdliches Verhalten nur genetisch bedingt oder würde es sich durch ungenügende Auslastung entwickeln, dann bräuchte es dieses Kapitel nicht. Ich müsste hier dann nur schreiben, dass ein Dummy, ein Laufband oder 20 Kilometer am Fahrrad dazu beitragen, dass ein Hund nicht mehr jagdlich motiviert ist. Wenn Sie so einen »Jäger« zu Hause haben, haben Sie, Hand aufs Herz, vermutlich genau das auch schon probiert. Und, siehe da, danach feststellen müssen, dass Ihr Hund Eichhörnchen immer noch sehr attraktiv fand. Lösen wir also das Problem und stellen wir uns dieser Challenge.

Was meint also »sexier sein als ein Eichhörnchen«? Eine Sorge darf ich Ihnen gleich zu Beginn nehmen: Sie brauchen kein Kostüm. Ich möchte an dieser Stelle auch kein simples »Click-für-Blick« und »Lenk-dich-um« anführen. Das benötigen wir noch an anderer Stelle für Hundebegegnungen (mehr zu diesem Thema ab Seite 150). Erinnern Sie sich vielmehr, worum es geht. Genau: um Kommunikation. Um Bindung. Um die Attraktivität einer gemeinsamen Handlung.

Die Sache mit dem Jagen

Lassen Sie uns an dieser Stelle einen kurzen Exkurs ins Jagdverhalten machen und mal schauen, warum mittlerweile (leider) so viele Hunde dieses Verhalten zeigen. Mögliche Ursachen dafür sind, ich habe es zum Teil schon erwähnt:

- eine entsprechende genetische Veranlagung
- Hunger
- der Hund hat das Verhalten erlernt
- er hat es nachgeahmt
- es macht ihm Spaß oder
- er will ein angstauslösendes Objekt verjagen

Das große Ziel: den Hund aus jeder Situation zuverlässig zurückrufen zu können.

Egal, was davon zutrifft: Jagen ist für den Hund erst mal ein ganz normales Verhalten, das eingesetzt wird, um seinen Zustand zu optimieren. Es gehört zu den sogenannten selbstbelohnenden Verhaltensweisen, weil es für eine unglaubliche Ausschüttung von Glückshormonen sorgt. Jagdverhalten wird oft bereits in der Welpenstube ausprobiert – hier natürlich spielerisch und deshalb nicht gleich mit Sorge zu betrachten. Auf der genetischen Grundlage entwickelt sich »echtes« Jagdverhalten erst zwischen dem sechsten und zwölften Lebensmonat. In dieser Zeit kann ein hinreichend tolles Jagderlebnis für den Hund lebensprägend sein.
Es gibt unterschiedliche Arten von »Jägern«: Ich nenne sie Sicht-, Geruchs- und Gehörjäger. Und nun wird es richtig interessant, denn Jagdverhalten zeichnet sich durch eine Abfolge von verschiedenen Sequenzen aus: Wittern/Orten – Verfolgen – Spur aufnehmen – Hetzen – Packen – Töten – Fressen.
»Mein Hund würde niemals ein anderes Tier töten«, sagen viele empört. Und das mag ja auch durchaus sein. Es heißt aber nicht, dass diese Hunde nicht trotzdem jagen können beziehungsweise Jagdverhalten in Sequenzen zeigen. Noch dazu, wo Jagdverhalten erlernt werden kann – durch Spiele mit Bällen (hinterherhetzen), mit einer Reizangel (die ich abgesehen vom professionellen Einsatz als Trainings-

mittel zur Verstärkung der Impuls- und Erregungskontrolle niemandem empfehle) oder dem lustigen »Spiel«: Er saust so gerne mit den Kindern umher.

Futtersuche ist bei unseren Haushunden häufig keine ursprüngliche Motivation mehr für reines Jagdverhalten, bei Straßen- und Wildhunden hingegen durchaus. Doch der belohnende Effekt, wenn sie einem Jogger, Autoreifen oder Fahrradfahrer hinterherjagen oder einen kleineren Hund über die Hundewiese hetzen, bleibt der gleiche.

Insbesondere in der Stadt, wo jeder Gassigang mit Vogelbegegnungen, mit kleinen Kindern auf Laufrädern und Elektrorollern auf engen Wegen sowie Joggern in den wenigen Waldgebieten und Parks stattfindet, appelliere ich unermüdlich: »Bringen Sie Ihrem Hund das Jagen nicht noch zusätzlich bei.« Das Umkehrtraining und das Zurückfahren seines Wunsches nach der nächsten Glückshormonausschüttung sind ungleich anstrengender und langwieriger, als es ihm gar nicht erst beizubringen. (Bitte verzeihen Sie hier meine gebetsmühlenartige Anmerkung.) Überlegen Sie sich also immer, was Sie sich von Ihrem Hund wünschen. Ein Ball kann als Belohnung ein tolles Trainingstool sein. Wenn Sie der Mittelpunkt der Action sind und vor allem wenn Ihr Hund gelernt hat: »Ich renne erst auf Freigabe los und ich kann mich danach sofort wieder runterfahren.«

Das wichtigste Tool ist die Schleppleine und dann die Rückorientierung und vor allem der gemeinsame (!) Spaß an der »Ersatzbeute«, zum Beispiel am Baum oder dem Dummy. Auch Mantrailing eignet sich hervorragend zur jagdlich kontrollierten Auslastung und ist echtes Teamwork.

Training: »Kehrt«

Ziel dieser Übung ist, dass Ihr Hund lernt: »Bei ›Kehrt‹ drehe ich mich auf den Hinterbeinen direkt um 180 Grad und rase zu meinem Herrchen/Frauchen. Dazu belohnen Sie, jagdlich unterstützt, das sofortige Ab- und Umwenden von einem Reiz zu Ihnen. Der Unterschied zum »normalen« Rückruf: Sie trainieren »Kehrt« wie einen Reflex, nicht wie eine Handlungsabfolge im Sinne von: »Brich dein Verhalten ab, dreh dich zu mir um, renn auf geradem Wege, in höchstmöglichem Tempo auf mich zu und bleib bei mir.«

Das brauchen Sie: runde Kekse, die sich ca. 1–2 Meter weit werfen lassen

1. Nehmen Sie einen Keks auf die Lieblingsseite Ihres Hundes und fangen Sie an, ihn ein wenig heiß zu machen, und gehen Sie los.
2. Dann drehen Sie sich um 180 Grad, bleiben aber weiterhin eng zum Hund und geben parallel ein »Kehrt« mit hinein. Zugleich »fliegt« der Keks in die neu eingeschlagene Richtung – weg vom Hund. Er darf und soll ihm unbedingt hinterherhechten.

3. Im nächsten Schritt machen Sie Ihren Hund wieder heiß auf den Keks, sagen in dem Moment, in dem Sie sich drehen, »Kehrt«, verzögern aber den Wurf des Kekses um einen halben Schritt. Dann werfen Sie und feiern Ihren Hund.
4. Sprechen Sie Ihren Hund an, wenn er zufällig wenige Schritte vor Ihnen läuft (Name). Es folgt das Wort »Kehrt« und wenn er sich umwendet, fliegt sofort ein Keks entgegen Ihrer Laufrichtung (also hinter Sie).

Wichtig: Bitte wiederholen Sie diese Übung zwar sehr häufig, aber auch nicht zu oft hintereinander. Das wird langweilig. Und das Eichhörnchen ist schließlich auch deshalb so attraktiv, weil es sich eben nicht ständig blicken lässt.

»Jagdverhalten zu unterbinden ist schier unmöglich, wenn Sie ohne Gewalt arbeiten möchten. Die gute Nachricht aber lautet: Umlenken funktioniert hervorragend.«

An dieser Stelle werde ich oft gefragt: »Was ist denn mit dem Rückruf? Wenn der funktioniert, kann mein Hund doch auch mal dem Kaninchen hinterherrennen. Er bekommt es ja doch nicht.« In erster Linie tut mir hier das Kaninchen leid, denn es erleidet in diesen Momenten Todesangst – mal abgesehen davon, dass unkontrolliertes Hetzen gesetzlich verboten ist.

Ich möchte aber grundsätzlich auch keinen Hund, der nur »pariert« oder dem ich fälschlicherweise ständig meine »Macht« beweisen muss. Ich möchte einen Hund, der kooperiert, der mit mir gemeinsam arbeitet, der gelernt hat, dass ich der zuverlässigste Jäger, Partner und Vertraute bin. Dazu gehört auch, die Bedürfnisse des Hundes, ob nun genetisch oder gelernt, in einem sozialadäquaten Rahmen zu ermöglichen. Und unter uns: So richtig Spaß machen Erlebnisse doch erst, wenn man sie gemeinsam erlebt.

Training: »Baum«

Und damit sind wir auch schon beim Signal »Baum«. Ich nutze es, um Hunde bei Sichtung eines potenziellen Jagdziels an einen Baum zu »kleben«. Das Anspringen, Verharren und damit verbundene Hochstarren in die Baumkrone empfinden viele von ihnen als große Freude – und dabei ist es vollkommen egal, ob Sie einen Dackel oder eine Deutsche Dogge an Ihrer Seite haben.

Üblicherweise liest man in Ratgebern bei diesem Thema gern von der »kontrollierten Ablage« – heißt: »Platz«. Bis dies jedoch so zuverlässig funktioniert, dass die Ablenkung egal ist, können schon mal eineinhalb Jahre vergehen. Und ich schwöre Ihnen: In dieser Zeit geraten Sie in viele potenzielle Jagdsituationen …

1

2

Deswegen nutze ich lieber Ansätze, bei denen der Hund auch Freude hat und minimale Teile seines Verhaltens ausleben kann. Der Aufbau dieser Übung ist (im Gegensatz zu »Platz«) simpel. Mit »Baum« können Sie Ihren Hund mit jagdlicher Intention an ein Ziel schicken, ihn auf Distanz lenken und »verharren« lassen, wenn ein Reh aus dem Wald springt oder überraschend ein Jogger um die Ecke flitzt – um dann aufzuschließen und ihn an die Leine zu nehmen. Ganz nebenbei zeigen Sie ihm, was für ein fantastischer, vorausschauender Jäger Sie selbst sind (Sie erinnern sich an die Leckerlis unter den Bechern?). Helmut und ich machen »Baum« auch zwischendurch nur so zum Spaß. Er liebt es!

1. Locken Sie Ihren Hund mit einem Keks an einen Baum und halten Sie den Keks dort so hoch, dass der Hund sich mit den Vorderpfoten am Baum abstützen muss. Füttern Sie ihn in diesem Moment am Baum mit Pfoten hoch. Dies wiederholen Sie einige Male. (1)
2. Nun sagen Sie »Baum«, bevor Sie den Hund an diesem »hochschicken«. Wieder belohnen, immer am Baum. (2)
3. Schicken Sie den Hund wenige Meter voraus, gehen Sie zu ihm, wenn er sich an einem Baum hochgestellt hat und belohnen Sie ihn in der Endposition.
4. Dies können Sie auf eine fast beliebige Distanz erweitern.

Ein Beispiel aus meinem Trainingsalltag

LARA

2019 lernte ich Johannes und Karin mit ihrer Tierschutzhündin Lara kennen. Lara war zu dem Zeitpunkt etwa zwei Jahre alt und vor drei Monaten aus dem Ausland nach Deutschland gekommen. Lara zeigte Unsicherheiten bei fremden Menschen – so stark, dass sie unter sich urinierte, wenn Johannes und Karin Besuch bekamen oder fremde Menschen sie auf der Straße ansprachen. Auf der anderen Seite legte sie ein sehr mutiges Vorgehen an den Tag, was das jagdliche Verhalten anging, insbesondere bei Katzen und Eichhörnchen.

Das Problem: starke Unsicherheit und ein ausgeprägter Jagdsinn

Wir verständigten uns darauf, zunächst an Laras Unsicherheiten zu arbeiten. Dazu verabredeten sich Johannes und Karin mehrmals in der Woche zu Laras Futterzeiten mit Freunden und Nachbarn, die dann das Futter in Laras Napf legten. Unser Ziel war die emotionale Verknüpfung, dass fremde Menschen zuverlässig etwas Gutes ankündigen. Vielleicht denken Sie jetzt: »Ich will ja aber gar nicht, dass mein Hund etwas von Fremden nimmt« – und damit haben Sie prinzipiell auch recht. Daher verknüpften wir das bei Lara auch mit dem eigenen Futternapf. Sie sollte nicht lernen, Futter von fremden Menschen anzunehmen, sondern dass fremde Menschen sich wegen des sich füllenden Napfes nicht mehr schlimm anfühlen. Deswegen durfte Lara während des Trainings auch frei entscheiden, wann sie zu ihrem Napf gehen wollte. Zu Beginn dauerte es mitunter mehrere Stunden, bis Lara sich wieder aus ihrem Versteck hervortraute, von wo aus sie den Napf übrigens gut im Blick hatte. Doch mit jeder Trainingseinheit begann sie sich ein klein wenig mehr zu entspannen und lernte auch, dass der Besuch sie vollkommen in Ruhe ließ.

Das andere Problem waren die Eichhörnchen und Katzen, die es in Johannes' und Karins Gegend reichlich gab. Hier wählten wir den »Baum« aus als Trainingsziel, womit wir sehr schnell Erfolge verbuchen konnten. Was mich nicht gewundert hat, schließlich machten wir uns dafür ein Verhalten zunutze, das Lara ja bereits unkontrolliert zeigte: die Lust zu jagen.

»Wie trainiert sie denn bitte ein Eichhörnchen?«, höre ich es in Ihrem Kopf rattern. Na ja, züchten werde ich sie kaum, auch wenn ich (aus anderen Gründen natürlich) unglaublich gerne mal ein Eichhörnchenbaby aufziehen würde. Für unser »Problemkind« bestellte ich aber einfach jede Menge Plüscheichhörnchen! Mit einigen Praktikanten verteilte ich sie überall auf Laras Gassirunde in den Bäumen, indem wir sie an Schnüren über Äste warfen, und schufen so die perfekte Trainingsumgebung für die »Baum-hoch-Simulation«. Dreimal dürfen Sie raten, welches der beiden Trainingsziele wir schneller erreichten? Richtig! »Baum« war aufgrund der nun gelenkten jagdlichen Ausprägung des Hundes in zwei Sitzungen so gefestigt, dass ich es Johannes und Karin auch bei Katzen und anderen sich schnell bewegenden Reizen anwenden ließ. Mit demselben Erfolg!

Tierschutzhunde brauchen besonders viel Unterstützung, um ihre Unsicherheiten zu überwinden.

Ihre Unsicherheit gegenüber fremden Menschen überwand Lara nicht ganz so rasant. Wir mussten das Training über Wochen ausbauen und es waren viel Geduld und Fingerspitzengefühl gefragt, um ihr vermutlich über Jahre gewachsenes und daher tief verankertes Verhalten zu verändern. Insgesamt eineinhalb Jahre waren Johannes und Karin bei mir im Training.

Lara wird immer ein zurückhaltender Hund sein – und das darf sie auch bleiben. Mittlerweile kann sie aber entspannt in den Urlaub mitfahren, an neue Orte mit neuen Menschen. Ich weiß das so genau, weil mir Johannes und Karin regelmäßig Ferienfotos mit einem glücklichen, entspannten Hund schicken. Tierschutzhunde brauchen Zeit, hier hilft der »3-3-3-Hinweis«: 3 Tage für die neue Umgebung, 3 Monate, um sich zu Hause zu fühlen und Sie als neuen Sozialpartner zu gewinnen, 3 Jahre, um die Vergangenheit hinter sich zu lassen. Nur Ihr Hund kennt seine Vergangenheit und Lernerfahrungen. Johannes und Karin waren wirkliche Tierschutz-Traumkunden. Sie akzeptierten Lara, wie sie war (Schritt 1). Sie erkannten ihr Verhalten an (Schritt 2). Und sie gaben ihr die nötige Zeit und lenkten ihr jagdliches Talent in kontrollierte Bahnen (Schritt 3). Sie bedauerten ihre Hündin nicht, sondern holten sie genau dort ab, wo sie stand. In jedem Schritt.

Ein schönes Fleckchen, ein paar Sonnenstrahlen, ein entspannter Hund (oder auch zwei) – viel mehr braucht es für mich nicht zum Glück.

AKZEPTANZ UND GEDULD

Hunde sollen sich in unserer Gesellschaft oft so unauffällig wie möglich verhalten – und damit oft wider ihre Natur. Ihnen das beizubringen, verlangt zuweilen ein Höchstmaß an Geduld.

Wir verlangen wirklich viel von unseren Hunden. Das moderne Leben in der heutigen Gesellschaft stellt hohe Anforderungen an sie – und nicht alles entspricht ihrer Natur. Ein Hund muss zum Beispiel:

› mit »seiner« Familie zusammenleben können. Diese kann aus einem oder mehreren Erwachsenen bestehen oder aus einer Familie mit Kindern. Genauso können andere Hunde und/oder andere Tiere dazugehören.

› auch mit anderen Menschen zurechtkommen, bekannten oder unbekannten. Insbesondere ein Hund, der in der Großstadt lebt, begegnet tagtäglich den verschiedensten Menschen.

› mit anderen Hunden auskommen. Hunde müssen den richtigen Umgang mit Artgenossen üben, besonders wenn diese ganz anders aussehen als ihre Mutter und Wurfgeschwister. Im fortgeschrittenen Alter dauert dies entsprechend länger als bei ganz jungen Hunden und erfordert darüber hinaus auch sehr gut kommunizierende Artgenossen.

› angemessen mit anderen Tieren umgehen, beispielsweise mit Enten und Schwänen, Katzen und Kaninchen, aber auch mit Wild oder landwirtschaftlichen Nutztieren wie Schafen, Pferden und Rindern. Und natürlich mit Eichhörnchen.

› sich an die gesamte Umwelt gewöhnen – mit Autos, Aufzügen, Straßenbahnen, Treppen und vielem mehr.

› die Aufforderungen seiner Menschen wie »Sitz«, »Platz« und »Komm« verstehen und befolgen

› und selbstverständlich ordentlich an der Leine gehen können.

Nun ist es aber so, dass unsere Vierbeiner manchmal genau das Gegenteil tun, und das ist auch ganz normal – auf jeden Fall für den Hund. Er hat deswegen auch überhaupt kein Problem damit, im Gegenteil. Für ihn ist das ein völlig natürliches Verhalten. Und damit sind wir noch einmal beim Thema Impulskontrolle (siehe

Seite 36 ff.): Der Hund soll lernen, sich zu beherrschen. Er soll das Reh laufen oder den Hasen einfach hoppeln lassen. Einem geworfenen Ball nur auf Signal hinterherrennen. An der offenen Tür warten, bis er das »Okay« seines Menschen bekommt, um hindurchzugehen. Als Hund muss man heute im ruhigen Sitz warten können, bis die Futterschüssel auf dem Boden steht und der Mensch sie freigibt. Man muss akzeptieren, dass die Leine kein Zergel ist und nicht zerfetzt werden darf. Man muss es schaffen, an der lockeren Leine bis zum Hundeplatz oder zumindest bis zum Gassipark zu kommen …

»Für Hunde gilt häufig ein Zitat von Erich Kästner: ›Entweder man lebt oder man ist konsequent.‹«

Diese Liste ließe sich beliebig verlängern. Aber um es auf den Punkt zu bringen: Es geht darum, dass unsere Hunde ihre spontanen Impulse auf Reize unterdrücken und den dabei entstehenden Frust aushalten sollen. Umso wichtiger ist, dass wir sie beim Lernen bestmöglich unterstützen.

HUNDEGERECHT TRAINIEREN

Sie haben bestimmt schon einmal gehört, dass Hunde im Moment leben. Das stimmt, allerdings nur zum Teil. Wäre dieser Satz 100-prozentig richtig, wäre Training sinnlos und Erfahrungen wären unwichtig. Das Gegenteil ist aber der Fall! Erfahrungen, positive und negative, machen Ihren Hund genauso aus, nur dass er sie vielleicht nicht so aufarbeiten kann, wie wir Menschen es können. Es liegt in unserer Verantwortung, unseren Hunden die Erfahrungen zuteilwerden zu lassen, die sie brauchen, um zu souveränen Begleitern zu werden, die über einen vollen »Koffer« Handlungskompetenz verfügen.

Hunde sind, ich habe es ganz am Anfang dieses Buches schon einmal erwähnt, prinzipiell daran interessiert, den eigenen Zustand zu verbessern. Sie wolllen ihre Situation immer optimieren. Deshalb gibt es fünf Wege, wie Sie beim Lernen schnell ans Ziel kommen. Das Folgende soll Ihnen einen kleinen Einblick geben, wie Sie ein Trainingsziel hundegerecht aufbauen können.

Verhalten formen durch Locken

Bei dieser Methode gibt man dem Hund Hilfestellung, indem man ihn mittels Leckerchen lockt beziehungsweise animiert, das gewünschte Verhalten auszuführen. Achtung: Das Leckerchen möglichst zügig wieder abbauen, sonst wird es für den Hund Teil des Signals und es wird sehr schwer, auch mal ohne es auszukommen.

Verhalten »einfangen«

Hier beobachtet man den Hund und gibt jedes Mal, wenn das gewünschte Verhalten von allein auftritt, das passende Wortsignal. Ein Beispiel: Der Hund läuft

zufällig von sich aus an der richtigen Fuß-Position. Dann wird das Signal »Fuß« ausgesprochen und mit Verstärker markiert (verbal loben und belohnen). Oder: Der Hund läuft auf den Halter zu. Dann wird »Hier« ausgesprochen und es folgen das verbale Lobwort und eine (echte) Belohnung.
Der Hund verknüpft auf diese Weise im Laufe der Wiederholungen das Signal mit seiner Handlung und wird deswegen irgendwann das Signal ausführen, ohne dass man je gezielt darauf hintrainiert hätte. Diese Art des Trainings dauert vielleicht etwas länger, ist aber sehr sicher. Bei vielfacher Wiederholung wird zudem schon alleine das Signal für den Hund zum sekundären positiven Verstärker. Fazit: ein sehr hundefreundliches Training.

Belohnung ist Belohnung und Leckerlis sind oft das Einfachste für den Hund. Denken Sie nur daran, sie rechtzeitig abzubauen.

Freies Formen

Beim sogenannten Freien Formen oder Free Shaping soll sich der Hund das gewünschte Verhalten selbst erarbeiten, indem der Halter jeden noch so kleinen Schritt in die richtige Richtung mit einem verbalen Lobwort oder einem Clicker einfängt und mit einer Futtergabe bestätigt. **Wichtig:** Hier muss man wissen, wie schnell der Hund in Frust kommt, denn davon hängt ab, wie hoch die Belohnungsrate sein sollte und wie klein die einzelnen Lernschritte sein müssen. Spoiler: Sie müssen immer noch viel kleinschrittiger sein, als wir Menschen es uns vorstellen. Freies Formen ist anspruchsvoll für Hund und Halter. Ein Hund, der unerfahren ist in der Arbeit mit dem Lobwort oder Clicker, braucht wesentlich mehr Rückmeldungen des Halters und noch kleinere Lernschritte. Der Halter braucht ein gutes Auge und gutes Timing. Und: Er gibt dem Hund keinerlei Hilfestellung und hält immer brav den Mund – das ist besonders schwer. Hunde, die über freies Formen ausgebildet werden, werden immer kreativer, schließlich wollen sie ja an ihre Belohnung kommen. Schwer ist diese Ausbildungsmethode nur für uns Menschen, weil wir leider oft zu ungeduldig sind.

LERNEN IN WINZIGEN SCHRITTEN

Ich durfte bei einem Arbeitsaufenthalt auf Bali 2022 Straßenhunde beobachten und Mitarbeiter in einem örtlichen Tierheim coachen, besser mit den dort ansässigen Hunden umzugehen und zukünftige Halter besser einzuweisen. Eines frühen Morgens am Strand durfte ich zufällig frisch geschlüpfte Schildkröten dabei beobachten, wie sie den Weg ins Meer fanden. Ein paar andere Touristen hielten an und fragten mich: »Brauchen die keine Hilfe, um ins Wasser zu kommen?« Ich antwortete: »Nein, auf keinen Fall, die finden ihren Weg und müssen den auch finden, weil sie sonst nicht wieder zum Strand zurückfinden.« Da waren also diese winzigen, noch völlig schutzlosen Schildkröten, kleiner als mein Handteller, die Zug um Zug mit allen vier Flossen und einer ruhigen und gleichmäßigen Bewegung ihren Weg ins Meer bewältigten. Dieses Bild steht seitdem für mich sinnbildlich fürs Training: Die Entdeckung der Langsamkeit führt zu einem echten Ergebnis und zu viel mehr Geschwindigkeit. Wenn Sie also schnell Ergebnisse sehen möchten, rate ich Ihnen zu bedachtem Training und zu einem Plan – Schritt für Schritt. Dann gehen viele Dinge schneller, als Sie denken.

Manipulation des Hundes

Sie geschieht zum Beispiel durch die Leine beziehungsweise das Geschirr und Ähnliches. Für den Menschen ist diese Methode einfach, für den Hund oft unangenehm. Ein weiterer Nachteil: Er lernt oft nur, was er nicht tun soll, nicht aber, welches Verhalten stattdessen gewünscht wird. Zudem sind Leine und Halsband letztlich Hilfsmittel, die wieder abgebaut werden müssen, wenn der Hund das Signal auch völlig frei ausführen soll.

Immer schön locker, das gilt auch für die Leine. Zug bedeutet Zwang und der behindert das Lernen.

Manipulation der Umgebung

Dies ist eine sehr charmante und hundefreundliche Trainingsmethode. Ein Beispiel: Der Hund soll lernen, auf Kommando rückwärtszugehen. Für dieses Lernziel gibt es viele Trainingswege. Baut man beispielsweise eine schmale Gasse, in der der Hund nicht zur Seite ausweichen kann, sondern wirklich rückwärtslaufen muss, ist das Trainingsziel schnell erreicht. Kleiner Nachteil: Die Hilfsmittel (hier die Gasse) müssen danach wieder abgebaut werden.

VERÄNDERUNG IST IMMER MÖGLICH

Hunden, die auf Reize (Autos, andere Hunde, andere Menschen, Züge oder Ähnliches) mit Angst- oder Aggressionsverhalten reagieren, kann man schlecht erklären, dass ihre Angst unbegründet ist. Viele Menschen haben zum Beispiel Angst vor Spinnen und auch das Wissen darum, dass diese doch recht kleinen Tiere nicht wirklich lebensbedrohend sind, hilft ihnen nicht, ihre Angst zu besiegen. Genauso nützt es wenig, den Hund zu beruhigen, zu trösten, zu schimpfen oder ihm die Angst anderweitig ausreden zu wollen. Allerdings gibt es durchaus die Möglichkeit, ihm in einer aus seiner Sicht problematischen Situation ein alternatives Verhalten anzutrainieren.

Ein Beispiel: Ein Hund, der Angst vor E-Rollern hat und deswegen dazu tendiert, wild bellend auf diese zuzustürmen, soll lernen, stattdessen etwas anderes zu tun. Nämlich sofort seinen Besitzer anzuschauen und den E-Roller E-Roller sein und rollen zu lassen. Eigentlich will der Hund dem E-Roller mit seinem Verhalten nur sagen, dass er doch bitte, bitte nicht näher kommen möge, weil er ihn sonst beißen müsse – denn schließlich fürchtet der Hund um seine eigene körperliche Unversehrtheit. Und die eigene Unversehrtheit ist eine sehr wichtige Ressource, die es unbedingt zu schützen gilt.

Kurzer Einschub: Was eine für den Hund schützenswerte Ressource ist, entscheidet allein der Hund. Egal, ob wir das nachvollziehen können oder nicht. Alles, was dem Hund aus seiner Sicht guttut und lebensnotwendig für ihn ist, um seine Bedürfnisse zu sichern, ist eine mögliche Ressource. Das kann eine kühle Pfütze im Sommer genauso gut sein wie ein warmer Liegeplatz im Winter. Ob der Lebensraum, der Sozialpartner Mensch, andere Hunde, überhaupt andere Tiere, Interaktionen wie Spielen, Rangeln oder Kuscheln, Schlafen, Nahrung und Spielzeug, soziale Zuwendung, die eigene körperliche Unversehrtheit, die Möglichkeit, sein Jagdverhalten auszuleben oder sich zu vermehren: Ressourcen sind äußerst vielfältig und höchst individuell.

Auch die genetische Disposition spielt hier eine Rolle: So können etwa Terrier schwer Spielzeug herausgeben und so mancher Molosser trennt sich nur ungern von seinem Dummy. Hier kann es also durchaus eine Rolle spielen, welches ursprüngliche Zuchtziel ein Hund mitbringt. Hunde mit, wie es im Fachjargon heißt, »vollständig ausgeprägter Jagdkette« (etwa Dackel und Jack Russel Terrier) oder Hunde mit optischer Jagdausprägung (dazu zählen zum Beispiel Windhunde und Galgos) stehen häufig vor der Herausforderung, bewegte Reize auszublenden oder auszuhalten. Und Hütehundrassen (so wie Entlebucher Sennenhund, Border Collie und Australian Shepherd) tun sich dagegen zum Beispiel häufig schwer damit, wenn die Gruppe bei einem Spaziergang zu sehr auseinanderfällt. Hunden, die territoriale Eigenschaften mitbringen, wie Weimaraner, Rottweiler oder Kangal, muss man nicht erklären, dass sie ihr Grundstück bewachen sollen. Das entwickelt sich ab dem sechsten Lebensmonat fast von alleine. Genauso wenig muss man einem Kuvasz beibringen, dass er die Familie beschützt. Das alles sind genetisch disponierte Eigenschaften.

Entsprechend der genetischen Disposition kann also auch bestimmtes Ressourcenverhalten »leichter« fallen – wohlgemerkt kann! Einem Herdenschutzhund zu erklären, dass er nicht das Sofa »in Besitz« nehmen soll, oder einer Bulldogge etwas aus dem Fang zu nehmen, kann zum Beispiel durchaus mal etwas mehr Training erfordern. Einige Schäferhunderassen etwa sind so sehr auf ihren Besitzer »fixiert«, dass regelrechte Notfallpläne aufgestellt werden müssen, wie Fremde das Haus betreten können (zum Beispiel die Feuerwehr), weil die Hunde ihre Besitzer als absolut überlebensnotwendige Ressource ansehen. Die genetisch fixierte Unsicherheit, ohne die man, nebenbei gesagt, kein »guter« Wachhund wäre, kann in so einem Fall ein echtes Problem darstellen.

Worauf ich hinauswill: Jeder Hund verteidigt seine Ressource auf seine Art, je nach Präferenz. Dabei unterscheiden unsere Vierbeiner sehr variabel nach individuellem Wert – und auch abhängig davon, vor wem die Ressource geschützt werden soll.

Umso mehr geht es hier darum, genau hinzuschauen. Bitte bedenken Sie immer: Ihr Hund denkt nicht in Rollen. Er denkt nicht an die Weltherrschaft oder daran, wer die Krone trägt. Er denkt in Ressourcen, er fühlt in Emotionen und nur danach richtet er sein Handeln aus. Das bedeutet zum Beispiel: Das heimische Sofa ist nicht zwangsläufig der erhobene Liegeplatz, sondern ganz sicher einfach nur viel bequemer als seine Decke am Boden.
Doch zurück zum Thema Geduld und Akzeptanz. Denn eins zeigt der vorangegangene Absatz deutlich: Nicht mit jedem Hund ist alles möglich. Und das ist auch gut so. Trotzdem ist »Akzeptanz« mitnichten gleichzusetzen mit »machen lassen«. Vielmehr verstehe ich darunter, die Grundlagen, Möglichkeiten und Voraussetzungen zu erkennen und von dort zu starten. Wenn Sie also merken, dass Ihr Hund an einer Leine von einem halben Meter noch nicht laufen kann und sich mehr oder minder ständig selbst erhängt und damit permanent im Oppositionsreflex (Zug erzeugt Gegenzug) ist, sollten Sie erst einmal die Leine auf eineinhalb Meter stellen und Ihrem Hund kurz den Druck nehmen. Danach setzen Sie Ihre Körpersprache ein und bieten dem Hund an, Ihnen zu folgen – vor allem erst mal rückwärtsgerichtet. Laden Sie ihn aktiv ein. Sie werden sehen, dass es ihm durch den »Freiraum« erheblich leichter fällt, sich nach Ihnen zu richten.

»Akzeptanz bedeutet auch, dass Sie sich bewusst machen, wo kommt Ihr Hund her, auf welchem Stand war er und wo stehen Sie heute.«

Die Ist-Torte

Um überhaupt erst einmal festzustellen, wo sich Ihr Hund befindet, hilft die Ist-Torte (siehe rechts). Die Wertigkeitsskala steigt hier von innen nach außen an.
Überlegen Sie in Ruhe, wo Sie beide (!) stehen. Sie können dazu zwei Symbole nutzen, zum Beispiel ein Sternchen für Ihren Hund und einen Kringel für sich. Das hilft, einmal ganz neutral die gemeinsame Situation zu analysieren. Ist Ihr Hund beispielsweise eher wenig gestresst, Sie selbst dafür umso mehr? Dann ist die nächste Aufgabe im Bereich Stress an Ihnen: Reduzieren Sie Ihren Stress!
Kann Ihr Hund sich im Training nicht lange konzentrieren (Ausdauer), wohingegen Ihnen das nicht schwerfällt? Dann bauen Sie vielleicht mehr Abwechslung ein und gestalten die Trainingseinheiten so, dass der Anspruch langsam, aber stetig steigt. Auf diese Weise kann Ihr Hund seine Ausdauer immer weiter ausbauen, bis Sie sich auf einem gemeinsamen Level treffen.
Die Ist-Torte soll Sie unterstützen, sich zu veranschaulichen, wo Sie mit Ihrem Hund stehen und wer an welchem Stück arbeiten muss. Ich kann Ihnen nur raten: Arbeiten

Sie auch an Ihren Stückchen, dann folgt Ihnen Ihr Hund auch dahin. Der wichtigste Schritt jedoch ist immer: Akzeptieren Sie den Ist-Zustand, nur dann können Sie erfolgreich daran arbeiten.

LERNEN IST MEHR ALS REINES TRAINING

Wir kontrollieren bereits fast alles, was das Hundeleben bestimmt. Wir kontrollieren das Futter und werden ärgerlich, wenn sich der Hund selbst füttert. Wir suchen die Spielgefährten aus und wir wählen aus, wann Zeit ist für die sanitäre Entspannung, wann für Freizeit und wann fürs Lernen. Wir wählen den Liegeplatz, die Zeit zum Spielen, zum Kuscheln und zum Ausruhen. Ihr Hund kann nicht einfach einen Rucksack packen und sagen: »Mensch, ich gönn mir mal 'ne Woche von dir.«
Wir kontrollieren die Geschwindigkeit auf dem Spaziergang, wir bestimmen den Weg, den wir nehmen, die Stellen, wo geschnüffelt werden darf. Natürlich ist das

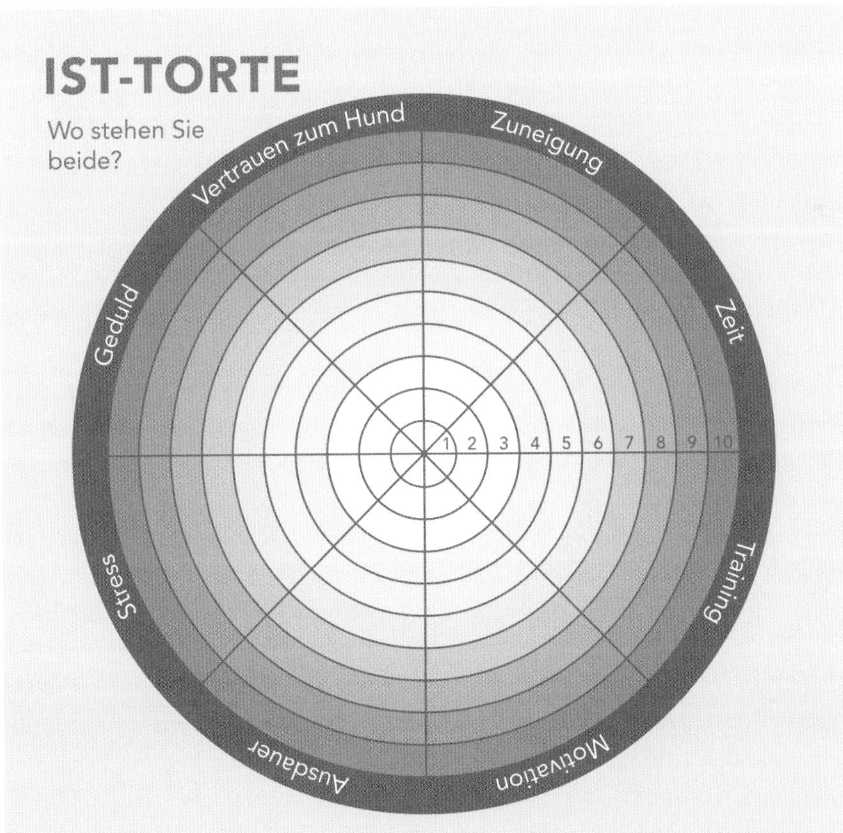

Die Ist-Torte hilft, den aktuellen Stand zu analysieren. Wo stehen Sie? Und wo steht Ihr Hund?

ÖFTER MAL WAS NEUES

Sie kennen bestimmt den Satz: »Aber das haben wir so oft trainiert und eigentlich kann er das.« Und dann, in der entscheidenden Situation, funktioniert es nicht. Das hängt damit zusammen, dass wir uns nicht klarmachen, was der Hund denn überhaupt gelernt hat. Deswegen plädiere ich: »Fragen« Sie Ihren Hund. Verändern Sie dazu Kleinigkeiten im Trainingsaufbau und fragen Sie das zuvor trainierte Verhalten erneut ab. Geben Sie zum Beispiel das geübte Signal (etwa »Platz«) und schauen Sie Ihren Hund, anders als sonst, dabei nicht an. Aus seiner Perspektive ist bereits das eine Veränderung des Trainingsfeldes. Klein, aber fein! Ihr Hund zeigt dann letztendlich ein Verhalten, das sich in jeder Situation verfestigt hat und sich daher auch jederzeit abrufen lässt.

auch wichtig zur Gefahrenabwehr. Ich frage Sie nur: Wie viel wollen Sie denn noch kontrollieren? Und ist es nicht wichtig, zum Beispiel im Umgang mit Artgenossen, dass Ihr Hund eine gewisse Handlungssouveränität erlernt hat? Dass er gelernt hat oder lernen darf, ein »Problem« selbst zu lösen?

Bitte verstehen Sie mich richtig: Ich bin absolut kein Anhänger der Philosophie »Die machen das schon unter sich aus« bei Hundebegegnungen. Das ist damit nicht gemeint. Worauf ich hinausmöchte, ist, dass Ihr Hund auch lernen soll, dass er eine Kompetenz besitzt.

Für das Wohlbefinden Ihres Hundes ist es wichtig, dass er auch eigene Entscheidungen treffen darf und kann. Dies ist beispielsweise beim Alleinbleiben wichtig. Häufig finde ich als Ursache für Trennungsstress eine übermäßige Bindung zum Besitzer, zur Besitzerin. Hat ein Hund nicht gelernt, dass er sich ein Stück weit auf sich selbst verlassen kann, wird das spätestens beim Alleinsein deutlich. Hier ist es nämlich immens wichtig, dass er (!) die Entscheidung trifft, sich auf seinen Liegeplatz zu begeben und zu schlafen, dass er (!) sich nicht kümmern muss, wenn es im Hausflur lauter wird, dass er (!) trinken gehen kann, wenn er (!) durstig ist. Das klingt nebensächlich und ist doch so essenziell. Die Hundeexpertin und Bestsellerautorin Jennifer Arnold macht in ihrem Buch »Love is all you need« deutlich, dass Training häufig das genaue Gegenteil davon ist, einem Hund die Fähigkeit beizubringen, Entscheidungen zu treffen. Was ist denn der Unterschied zwischen Training und Lernen? Ich erkläre das gerne so: Nur weil Sie 1000 Vokabeln einer

Sprache auswendig gelernt haben, können Sie noch lange kein Gespräch führen. Es geht also nicht nur um »reines« Training, sondern um soziale Interaktion. Um ein Miteinander.

Lassen Sie Ihren Hund also zwischendurch ruhig auch mal selbst Entscheidungen treffen. Wo er schnüffeln will, wie er an die Leckerlis im Eierkarton kommt, wann er eine Pause im Training braucht, welches Spielzeug er nehmen möchte ... Diese Kleinigkeiten sind wichtig, vor allem für Ihre Beziehung.

Genießen Sie die Zeit mit Ihrem Hund. Es geht nicht immer nur um Kontrolle oder Grundgehorsam. Eine echte Beziehung zu Ihrem Hund gehen Sie erst dann ein, wenn Sie sich einander entdecken lassen und sich als zwei Wesen mit jeweils eigenem Charakter begreifen. Geben Sie Ihrem Hund bei jedem Spaziergang fünf Minuten, in denen Sie ihn einfach »machen lassen« und er zum Beispiel schnüffeln darf, wo er will, während Sie einfach mitgehen. Bestaunen Sie gemeinsam im Frühjahr das erste frische Gras oder im Herbst die Blätter, die von den Bäumen fallen. Je mehr wir unsere Hunde als Sozialpartner begreifen, die fühlen und mitdenken, desto tiefer wird unsere Beziehung zu ihnen.

Was machen wir jetzt? Lassen Sie ruhig auch mal Ihren Hund entscheiden und sich von ihm führen. Danach übernehmen Sie wieder.

Ein Beispiel aus meinem Trainingsalltag

BUDDY

Buddy, ein fünfjähriger intakter Malteserrüde, kam zu mir ins Training, weil er seine Besitzerin in den Finger gebissen hatte. Buddy hatte im Alter von drei bis sechs Monaten eine Welpenschule besucht, seitdem aber kein Training und keine Begleitung mehr erfahren. Er hatte einen tollen, großen Social-Media-Kanal und wurde in allerlei Taschen und Kostüme gesteckt und in den verschiedensten Umgebungen fotografiert – und es waren tolle Fotos. Die Besitzerin wünschte sich, dass Buddy sie nicht mehr beißen würde. Nachvollziehbar, oder? Und er sollte sich beim Spaziergang endlich an ihr orientieren und andere Hunde nicht mehr verbellen. Okay. Das waren drei sehr konkrete Wünsche.
Als ich Buddy das erste Mal begegnete, tippelte ein Hund mit eingezogener Rute und großen angstgeweiteten Augen in mein Büro. Sein Frauchen und ich setzten uns, doch es dauerte noch etwa 20 Minuten, bis Buddy so weit war, drei, vier Schritte auf mich zuzukommen und seine Nase einzusetzen, um sich mehr Informationen zu holen. Nach weiteren etwa 20 Minuten konnte Buddy dann ein kleines weiches Leckerli annehmen.

Das Problem: zu wenig Handlungskompetenz

Im Gespräch erfuhr ich, dass Buddy auch zu Hause nicht alleine bleiben konnte, dass er ständig an der Seite der Besitzerin klebte und ihr überallhin folgte. Selbstständig konnte Buddy nichts, außer Angst haben. Ich schaue mir in einem solchen Fall gerne an, ob ein Hund weiß, wie groß oder klein er überhaupt ist. Hierfür mache ich mir die Hinterbeine zunutze und lasse die Hunde vorwärts und rückwärts über zwei kleine Cavalettistangen auf dem Boden laufen. Das ist für Hunde eine echte Herausforderung, weil wir die meisten Tricks mit den Vorderpfoten üben und die Hinterläufe normalerweise einfach »mitlaufen«. Glauben Sie nicht? Fragen Sie Ihren Hund, ich bin mir sicher, dass Sie das Ergebnis überrascht.
Ich ging damals folgendermaßen vor: Wir führten Buddy zunächst einige Male rückwärts mit Futter über die Stangen. Dann setzte ich mich auf den Boden und er sollte unter meinem angewinkelten Bein durchlaufen. Das mache ich gerne bei Hunden, die sich bei Berührungen mit Händen noch schwertun. Meist hat das gar nichts direkt mit der Hand zu tun, sondern mit dem ungut verknüpften Gefühl von Berührungen am Fell oder an der Haut. (Bei großen Hunden können Sie sich auch auf den Boden knien, ein Bein anwinkeln und den Hund einmal darunter hindurchlocken.)
Danach lernte Buddy, dass er über mein Schienbein hüpfen konnte. Ich erweiterte diese kleinen Übungen binnen 20 Minuten, bis Buddy die Bewegungen unter mir, über mich und dann schließlich auch meine Hand als Berührung als angenehm empfand. Die Skepsis seiner Halterin war verschwunden, als sie sah, wie ihr Hund auftaute.

Kleinen Hunden wird oft zu wenig zugetraut. Das macht sie auf Dauer unsicher und auch unsozial.

Ich holte beißsichere Handschuhe und wir begannen mit den ersten Streicheleinheiten entlang der Rückenlinie und des Brustbeins. Buddy legte sich schnarchend auf die Seite. Sein Frauchen konnte es nicht fassen. Das hatte er in den letzten vier Jahren nicht ertragen. Was hatte ich mir hier zunutze gemacht? Ganz einfach: Der Hund durfte entscheiden, wie viel er sich zutrauen beziehungsweise wie viel er zeigen konnte und wann er eine Trainingspause machen wollte.
Viele Hunde entscheiden sich in Trainingssequenzen, dass sie eine Pause brauchen, oder fordern diese ein. Habe ich es mit Angstverhalten oder Unsicherheiten beziehungsweise schlechtem Lernverhalten zu tun, dann darf ein Hund das bei mir. Diese Wahl ist wichtig, denn wenn der Hund dann zurückkommt, weiß ich: Jetzt kommt es im Hundekopf an. Jetzt habe ich 100 Prozent Bereitschaft. Wir setzten das Training über einige Wochen fort. Nach sechs Wochen konnte Buddy problemlos alleine zu Hause bleiben. Er hatte gelernt, dass er nicht beißen muss, sondern aus einer Situation rausgehen darf. Diese Handlungskompetenz war es, die er draußen brauchte, um Hundekontakten aus dem Weg zu gehen, statt zur Attacke überzugehen. Und er brauchte sie auch, um daheim zu entspannen und Nähe nicht mehr als Zwang, sondern als Entscheidung zu erleben.

HÜRDEN ÜBERWINDEN

Weil wir mit unseren Emotionen ihr Verhalten maßgeblich bestimmen, halten uns Hunde ständig einen Spiegel vor. Wer etwas verändern will, muss wagen, einen Blick hineinzuwerfen.

Haben Sie bereits Kontrolle abgegeben, sich abgewendet und Ihrem Hund den Rücken zugedreht, während er herumschnüffelt? Sehr gut, dann machen wir jetzt den nächsten Schritt. Eine mögliche Sorge darf ich Ihnen direkt zu Beginn nehmen: Sie müssen nicht auf die nächste Wiese gehen, Ihren Hund dort ohne Sinn und Verstand ableinen und mal gucken, was passiert. Erst einmal geht es darum, wie Sie selbst Ihre Ängste und Befürchtungen überwinden und Ihrem Hund ein souveräner Partner werden können.

ANGST IST ANSTECKEND

Fast jeder Hundebesitzer hat Sorge, dass seinem Hund etwas passieren könnte. Daraus resultieren viele Ängste und die behindern unsere Beziehung zueinander. Hand aufs Herz: Wovor fürchten Sie sich? Bei mir sind es Spinnen. Ich weiß: Das ist eine vollkommen irrationale Furcht, denn keine Spinne in unseren Breitengraden wird mich fressen (und selbst auf Bali waren die Spinnen zwar riesig, sind aber trotzdem nicht über mich hergefallen). Ich kriege dennoch bei ihrem Anblick Gänsehaut. Meine Hände werden feucht und mein Herz schlägt schneller, wenn ich eine Spinne in der Wohnung sehe, die etwas größer ist als ein Fünfcentstück. In meiner Vorstellung haben einfach alle Spinnen stahlblaue Augen, fauchen mich an und wollen mir Böses … Geht es Ihnen mitunter ähnlich?

Es gibt unglaublich viele Ursachen für Ängste: Man hat eine schlechte Erfahrung gemacht. Hat eine Geschichte gehört. Hat die Ängste erlernt, weil jemand im Umfeld ähnliche Ängste hatte. Oder, oder, oder … Einige Dinge lassen sich vielleicht nicht mal erklären, so wie zum Beispiel Höhenangst – die wenigsten, die darunter leiden, sind wohl schon mal von einer Klippe gefallen. Und dennoch ist diese Angst da.

Vielleicht fürchten Sie sich zum Beispiel vor bestimmten Hunderassen oder vor Hunden einer bestimmten Größe? Das beschäftigt übrigens viele der Menschen, mit denen ich zu tun habe (»Mein Hund ist ja viel kleiner und wenn dann so ein großer kommt …« oder »Von so einem wurde ich als Kind mal angeknurrt«). Ich kann diese Ängste durchaus nachvollziehen. Umso wichtiger ist es, uns erst einmal über diese Ängste klarzuwerden. Denn was wir oft vergessen: Hunde haben extrem feine Antennen und nehmen jede unserer Unsicherheiten sofort wahr. Schlimmer noch: Sie lassen sich leicht anstecken – gerade beim Gassigehen.

Über unsere Leine haben wir eine permanente Verbindung zu unserem Hund, ob wir wollen oder nicht. Wir kündigen etwas »Schlimmes« an, indem wir sie kürzer beziehungsweise straffer halten oder sie uns enger um die Hand wickeln. Vielleicht sprechen Sie Ihren Hund auch auf eine bestimmte Art und Weise an, wenn Sie selbst verunsichert sind? Denn egal, wie gut wir uns verstellen, erkennt unser Hund an unserer Körpersprache und Mimik, was in uns vorgeht – nicht zuletzt kann er auch immer noch riechen, wie es um unsere Emotionen bestellt ist.

Schauen wir doch einfach mal, woran ich erkenne, wenn sich meine Kunden in einer Situation nicht wohlfühlen: Ihre Schultern werden dann eng und gehen etwas höher, sie hören für einen kurzen Moment auf zu atmen, die seitliche Kiefermuskulatur wird hart und sticht hervor, der Ohransatz wandert einige Millimeter nach hinten. Und jetzt überlegen Sie mal: Wenn ich das schon alles sehe, was glauben Sie dann, wie viel unsere Hunde wahrnehmen, Beobachtungsmeister, die sie sind?

Nicht verstecken, hinschauen!

Furcht ist ein wichtiger Indikator und hat evolutionär gesehen natürlich absolut Sinn. Für unseren Hund sollten wir aber sicher und vertrauensvoll wirken. Jemand, der selbst ängstlich ist, ist nicht unbedingt ein guter Partner, oder?

Zur Abwechslung mal wieder eine kleine Aufgabe für Sie: Ich habe Ihnen verraten, wovor ich mich fürchte (Spinnen).

☞ Jetzt schreiben Sie einmal auf, wovor Sie sich ängstigen?

☞ Und jetzt, wovor sich Ihr Hund ängstigt?

Erkennen Sie hier etwas? Das nennt man Spiegelung: Spiegelung von Stimmung, von Ängsten, von Freude und vielen anderen Emotionen. Ein sehr wirksames Kommunikationsmittel, wenn Sie wissen, wie Sie es einsetzen oder beeinflussen können. Dazu jetzt mehr.

Indem Sie sich Ihre Ängste bewusst machen, ist der erste Schritt schon einmal getan. Danach wird's allerdings etwas unangenehm. Denn Sie müssen sich fragen: »Warum habe ich bisher nicht daran gearbeitet?« Angst ist nämlich nicht immer ein guter Ratgeber, schon gar nicht im Zusammenleben mit Hunden.

Wir möchten, dass unsere Hunde uns vertrauen. Doch wie sollen sie das können, wenn wir uns selbst nicht vertrauen? Genau das passiert aber bei Alltagsängsten oft: Wir vertrauen nicht darauf, in einer Situation (richtig) handeln zu können. Also handelt womöglich unser Hund. Und das macht er eben auf hündische Art.

Man geht davon aus, dass unsere Hunde vier Strategien haben, mit einer Situation umzugehen. Man nennt sie die vier Fs, das steht für …

› Flirten (Spielaufforderung),
› Freeze (Einfrieren),
› Flight (Flucht) und
› Fight (Angriff).

Je nach Lernerfahrung wenden nicht alle Hunde alle vier möglichen Strategien an. Besonders deutlich zeigt sich das an der Leine. Denn dann kann der Hund nicht flüchten, sodass ihm also nur noch drei mögliche Strategien bleiben:

› eine Spielaufforderung zum Entstressen (wobei auch das an der Leine schwierig ist)
› das Einfrieren (sieht man recht häufig, wenn ein freilaufender Hund ungefragt auf einen angeleinten zuläuft)
› der Angriff (der die meisten Besitzer ziemlich erschreckt und fürchten lässt, ihr Hund könnte aggressives Verhalten entwickeln)

Vorderkörper tief, Po hoch: Das ist eine deutliche Aufforderung zum Spielen. Aber nicht immer ist die Sprache der Hunde für uns Menschen so leicht zu entziffern.

Aus der Perspektive des Hundes sind alle drei ganz natürliche Reaktionen, die sein zukünftiges Verhalten vermutlich kaum beeinflussen würden. Das Problem sind wir. Denn wenn wir unser eigenes Verhalten in dieser Situation nicht hinterfragen, wird sich Ähnliches immer wieder zutragen – und dann steigt mit jeder Hundebegegnung die Angst, dass wieder etwas passieren könnte. Und diese Angst überträgt sich dann auch auf den Hund.

Erst wenn wir uns unseren Ängsten stellen, lernen wir: »Oh, klasse, ich kann das lösen und ich kann durch diese Situation durchgehen.« Und schon befinden wir uns wieder im Agieren statt im Reagieren. Das macht Mut.

Zurück zum Hund. Wir senden an der Leine immer minimale Signale und deshalb bitte ich Sie hier, in einer überschaubaren Situation einfach mal die Leine fallen zu lassen. Ich mache das in meinen Kursen gerne während des schlichten Fußlaufens oder bei bereits bestehenden Verweilübungen. Dann die Gesichter meiner Kunden zu sehen, wenn ich sage: »Und jetzt lassen wir alle die Leine fallen und machen weiter«, ist immer wieder ein Riesenspaß für mich.

Ich weiß, das klingt gerade recht schadenfroh. Aber diese Übung ist wirklich sehr wichtig. Damit Sie sich nicht an der Leine »festhalten«, sondern lernen, loszulassen. Wenn Sie merken, dass Sie auch ohne Leine eine Verbindung zu Ihrem Hund haben, schwindet die Angst vor dem Kontrollverlust. Und womöglich werden Sie sogar feststellen, dass Ihr Hund mit fallen gelassener Leine »besser« läuft, weil Sie als Stimmungsüberträger fehlen.

Sie können sich das irgendwie nicht so recht vorstellen? Dann probieren Sie doch bei der nächsten Gassirunde einmal Folgendes:

- ☞ Lassen Sie in ablenkungsarmer Umgebung die Leine fallen und versuchen Sie weiterhin mit Ihrem Hund zu arbeiten, zu trainieren beziehungsweise erst mal nur seine Aufmerksamkeit aufrechtzuerhalten. Hierzu können Sie kleine Richtungswechsel oder Ähnliches nutzen.
- ☞ Nehmen Sie die Leine wieder auf und achten Sie dabei auf die Körpersprache Ihres Hundes: Was verändert sich? Ist Ihr Hund ohne Leine lockerer? Dann ist das ein Zeichen dafür, dass Sie ein starker Stimmungsüberträger sind und eventuell zuerst einmal daran arbeiten sollten. Wenn Sie dies auf einer etwas weiteren Fläche machen, konzentrieren Sie sich auf Ihre Schultern: Wenden Sie sich mal nach links, mal nach rechts, machen Sie mal einen halben Schritt zurück und beobachten Sie dabei Ihren Hund, wie er Ihnen folgt. Versuchen Sie Ihre eigene Stimmung zu beeinflussen, um es Ihrem Hund leichter zu machen, sich an Ihnen zu orientieren. Orientierung macht nur Freude, wenn Ihr Hund einen verlässlichen Partner an seiner Seite hat. Sie werden förmlich spüren, wie Ihr Hund dadurch sicherer wird.

Mit oder ohne Leine? Für den Hund ist vor allem wichtig, dass wir voll bei der Sache sind – nur dann kann er es auch sein.

Ein weiterer wichtiger Faktor ist Ihre Stimme. Sie können Ihren Hund anlächeln, aber wenn Ihre Stimme zu gepresst, zu brüchig, zu schrill oder zu hastig wirkt, wird auch Ihr Hund das spiegeln – indem er permanent von Ihnen wegzieht oder durch permanente Anspannung. Vielleicht scannt er genau, wie Sie ständig nervös die Umgebung checken ob der Angst, der ungeliebte Hund des Nachbarn drei Straßen weiter könnte um die Ecke auf Sie beide warten …

Zwischensatz: Das ist ein ganz normales Verhalten, weil er schlicht das spiegelt, was Sie fühlen und ihm damit vermitteln. Hunde sind immer unser Spiegel – auf ihre eigene Art und Weise.

Sie können Ihre Stimme aber genauso trainieren wie zum Beispiel Ihre Körpersprache, um entspannter zu wirken:

☞ Wenn Sie aus der Haustür treten, schmatzen Sie fünf- bis sechsmal hintereinander laut und sagen Sie so etwas wie »Mmmmhhhjajajajam«. Wichtig dabei ist der schmatzende A-Laut. Dadurch machen Sie Ihre Stimmbänder warm und wenn Sie dann zu sprechen beginnen, sind Sie in der schonendsten, am harmonischsten klingenden Klangfarbe. Diesen Trick verriet mir übrigens mal ein Comedian, der eine ganze Sendung durchmoderieren sollte.

☞ Oder versuchen Sie einmal Folgendes (Achtung, machen Sie diese Übung bitte unbeobachtet, sonst kriege ich zu viele Leserzuschriften): Hängen Sie an jedes gesprochene Signal an Ihren Hund eine »niedliche« Endung, beispielsweise ein »-li«. Nehmen wir an, Ihr Hund heißt Harro. Dann könnte die Übung wie folgt aussehen: »Harro, Sitz-li«, »Platz-li«, »Fuss-li«, »Gassi-li«, »Schüffel-li« ...

Warum das Ganze? Endungen mit »li« können wir kaum mit deutlich dunkler Stimmfarbe aussprechen, vielmehr hebt sich die Stimme automatisch und klingt dadurch freundlicher. Außerdem beginnen Sie vermutlich auch noch zu lächeln. Das alles führt zu mehr Entspannung.

Keine Sorge, ich möchte Sie nicht dazu überreden, »li«end durch die Straßen zu laufen. Aber Sie können das zum Beispiel in Situationen anwenden, in denen Sie merken, dass Sie sich anspannen. Verniedlichen Sie dann doch einfach mal alle Signale an Ihren Hund. Auch hier wird er Sie spiegeln und ebenfalls deutlich entspannter durch die Situationen gehen.

☞ Laufen Sie an sich entspannt los, spüren jedoch eine gewisse Spannung in der Leine beziehungsweise zu Ihrem Hund? Dann nutzen Sie die Leine wie einen Daumenschmeichler und streichen Sie während des Laufens mehrmals mit dem Daumen darüber. Diese kleinen beruhigenden Schwingungen transportieren sich auch auf Ihren Hund.

Was passiert dagegen, wenn Sie die Leine straffer nehmen? Sie erzeugen sofort Spannung im Halsband beziehungsweise Geschirr. Dadurch wird Ihr Hund lernen (oder vielleicht hat er bereits gelernt): Wenn das passiert, geschieht gleich irgendetwas. Diesen Mechanismus sollten Sie auflösen.

LOSLASSEN OHNE KONTROLLVERLUST

Ängste können sich, wie ich aus meiner täglichen Arbeit weiß, überaus vielfältig äußern. Was sie trotzdem alle vereint: Sie sind fast immer für die Hunde eine riesige Bürde. Und wir haben unsere Vierbeiner nicht gefragt, ob sie diese tragen möchten. Ich möchte mitnichten empfehlen, einen Hund vor lauter Sorglosigkeit ständig machen zu lassen oder sich nicht um ihn zu kümmern. Vielmehr geht es mir darum, ein Bewusstsein dafür zu schaffen, wie fein, sensibel, aufmerksam und eingespielt diese Tiere mit uns sind. Wir machen uns das viel zu selten klar. Mein Helmut zum Beispiel: Er zeigt mir deutlich, wenn ich in Gesprächen beginne, mich unwohl zu fühlen, etwa, weil mir mein Gegenüber unsympathisch ist oder mir der Abstand zu klein wird. Er kommt dann sehr charmant daher und stellt irgendetwas an. Helmut gehört definitiv zur Kategorie skeptischer Clown und überspielt stressige Situationen gerne mit sehr viel Humor und der ein oder anderen ungewollten Kreativität.

Auf der anderen Seite sind wir mit unseren Ängsten oft zu viel für unsere Hunde und signalisieren ihnen ständig: »Oh je, jetzt müssen wir beide um Kopf und Kragen fürchten.« Dies gilt insbesondere bei Hundebegegnungen. Und ich muss Ihnen gestehen, dass die nicht besser wurden, je mehr Hunde ich im Laufe meines Berufs beobachtet habe. Ich laufe also viele Bögen, halte oft etwas mehr Abstand oder gehe ein Stück beiseite auf eine Wiese, wenn ich mit Helmut unterwegs bin. Mir tut das gut. Und wenn es mir guttut, tut es Helmut auch gut – solange ich es locker mache, ohne Hektik und nicht mit dreifach gewickelter Leine um den Handrücken. Distanzvergrößerung ist in räumlich engen Situationen, etwa auf Bürgersteigen oder engen Straßen, immer die größtmögliche Belohnung. Und seien Sie unbesorgt: Ich möchte nicht, dass Sie künftig hektisch von Auto zu Auto springen, nur damit Ihnen ja kein anderer Vierbeiner entgegenkommt. Ich wünsche mir, dass Sie in sich reinhören: Mit welchem Abstand fühlen Sie sich derzeit wohl? Versuchen Sie dann, diese Distanz schrittweise zu überwinden. Gehen Sie selbstbewusst und geradeaus, schauen Sie nicht auf den Stressor (ich weiß, das ist eine echte Aufgabe) und gehen Sie beschwingt und mit einem Lächeln weiter. Denken Sie an den Daumenschmeichler und versuchen Sie die ruhige, souveräne Art über Ihre Leine zu transportieren.

Unsere Hunde können nur so souverän sein wie wir selbst. Deshalb ist es wichtig, sich seiner eigenen Ängste bewusst zu werden – um sie dann Schritt für Schritt zu überwinden.

Sie sind ein entscheidender Faktor im Training und im Alltag mit Ihrem Hund. Genauso, wie Sie sich von Ihrem Hund wünschen, dass er Sozialpartner ist, wünscht sich Ihr Hund das auch von Ihnen.

Luft rausnehmen durch mehr Distanz

Bei Angst und Unsicherheiten ist Akzeptanz für mich der Schlüssel zur Lösung. Das unerwünschte Verhalten lässt sich nicht ändern, wenn wir es nur unterbrechen. Wir müssen dafür Sorge tragen, dass sich die damit verbundenen Emotionen verändern. Dazu braucht es Verständnis, Klarheit und Ruhe.

Interessant ist für mich in diesem Zusammenhang der Unterschied in der Bedeutung von Akzeptanz und Toleranz: Während Akzeptanz, so erklärt es Wikipedia, eher etwas Aktives ist, im Sinne von annehmen, einwilligen oder hinnehmen, schwingt bei Toleranz immer eine gewisse Passivität mit, wie beim Erdulden. So gesehen können wir nur mit Akzeptanz eine aktive Handlung herbeiführen und damit die Grundlage für die Angstbewältigung bilden.

Das immer wieder zu betonen, ist für mich extrem wichtig. Sie sollen wissen, dass Sie die Dinge selbst in der Hand haben. Wenn Sie etwas verändern möchten, dann verändern Sie es und gehen Sie über die Handlungsschritte auf Ihren Hund zu.

Kleiner Nachweis gefällig? Sollten Sie nicht sicher sein, ob Ihr Hund Ihre Stimmung und Atmung und Mimik wahrnimmt, drehen Sie das Ganze einfach mal um:

☞ Erstarren Sie auf einer freien Fläche in eine Richtung, halten Sie die Luft an, ziehen Sie Ihre Schultern hoch, reißen Sie Ihre Augen auf. Und dann achten Sie darauf, was Ihr Hund zeigt.

Ist das Beweis genug? Unsere Hunde sind hochemotionale und soziale Lebewesen. Achten wir auf sie dementsprechend und behandeln wir sie mit dem Respekt, den sie verdienen.

Gehen wir noch mal ein paar Schritte zurück: Angst ist ein Gefühlszustand beziehungsweise eine Stressreaktion des Körpers auf eine bedrohliche Situation. Sie macht vorsichtig gegenüber allem, was in gewohnter Umgebung fremd ist, und ist damit für alle Tiere (und so auch für uns Menschen) ein ganz normales Verhalten und biologisch sinnvoll. Auf etwas Fremdes zu treffen bedeutet, möglicherweise auf etwas Gefährliches zu treffen – oder in eine Situation zu geraten, die sich nicht einschätzen lässt. So gesehen ist Angst unbestimmte Furcht.

Wenn Sie wahrnehmen, dass gewisse Situationen Sie unsicher werden lassen, kann es also durchaus hilfreich sein, sich Routinen für diese Situationen zuzulegen. Diese kleine transportable Konzentrationsübung beispielsweise ist sehr wirkungsvoll und Sie werden auch an Ihrem Hund sehen, dass er automatisch Ihren ruhigen Fokus zu spiegeln beginnt.

☞ Malen Sie sich zwischen Daumen und Zeigefinger der leinenführenden Hand ein kleines Herz oder einen kleinen Punkt auf die Haut. Wenn Sie unterwegs merken, dass Sie anspannen, schauen Sie darauf und zählen von 20 runter. Bei 1 lächeln Sie Ihren Hund an.

Solche ersten Schritte sind wichtig, damit Sie Ihren Hund guten Gewissens in den Freilauf lassen können. Ein Hund ist dort nämlich nur dann sicher, wenn er sich auch sicher aufgehoben fühlt. Wenn er weiß, dass er sich an Ihnen orientieren kann. Wenn er sich auf Sie verlassen kann.

Ich liebe kaum etwas mehr als einsame Wiesen und Felder, auf denen Helmut und ich unsere gemeinsame Zeit genießen können. In der wir uns gemeinsam im Gras ausruhen und die Natur beobachten oder etwas spielen. Wir machen in diesen Momenten zusammen Pause und erleben echte Qualitätszeit. Da geht es dann mal nicht um die richtige Anzahl von Schritten oder Umlenkung, sondern »nur« ums Durchatmen und Miteinandersein.

»Geduld ist nicht nur die Fähigkeit zu warten,
sondern dabei auch noch gut gelaunt zu bleiben.«

Unbekannter Autor

Üben Sie sich in Geduld

In meiner Praxis habe ich es sehr oft mit der Angst vor dem Loslassen zu tun. Mit der Sorge vor Kontrollverlust. In so einem Fall empfehle ich gerne die Übung von Seite 114 (Sie erinnern sich: mal die Kontrolle durch die Leine abgeben und voll auf die Körpersprache setzen). Stellen Sie also beim nächsten Spaziergang die Leine etwas länger, schauen Sie in die Ferne und betrachten Sie mal wieder bewusst den Himmel oder die Bäume. Wenn Sie sich sicher fühlen, lassen Sie die Leine fallen. Laufen Sie weiter und loben Sie Ihren Hund, wenn er wieder zu Ihnen aufschließt. Wenn es Ihnen noch hilft: Nutzen Sie die Selfiefunktion Ihres Handys und behalten Sie über die Schulter Ihren Hund im Blick.

Seien Sie geduldig mit sich und Ihren Befürchtungen. Sie können sie nur gemeinsam mit Ihrem Hund abbauen – Schritt für Schritt und mit viel Nachsicht. Geduld bedeutet hier, auch bei Stress und unter Druck, die eigenen Bedürfnisse zurückzustellen und mit Ruhe und fokussiert das langfristige Ziel zu erreichen. Auch Wille, Ausdauer, Durchsetzungsvermögen und Selbstkontrolle beinhalten Geduld. Mit Geduld schaffen wir uns einen Überblick über viele Situationen und lernen, diese zu handeln. Wie aber können wir Geduld lernen?

1. In ganz kleinen Schritten! Loben Sie sich für kleine Erfolge, führen Sie sich die kleinen Fortschritte vor Augen. Auch wenn das große Ziel noch nicht erreicht ist, bringt Sie jeder kleine Erfolg näher dorthin.
2. Oft reicht schon eine andere Formulierung und eine bewusste Änderung des Mindsets, um den Stress zu reduzieren und sich in Geduld zu üben (siehe Kasten).
3. Zuschauen und verstehen: Beobachten Sie Ihren Hund und schauen Sie, was für ein Verhalten er zeigt.
4. Perspektivenwechsel: Ihr Hund macht partout nicht das, was Sie so gerne von ihm möchten? Dann versetzen Sie sich doch mal in seine Lage und versuchen Sie zu verstehen, warum er dieses Verhalten zeigt. Eventuell ist er durch äußere Reize abgelenkt, die Sie nicht wahrgenommen haben, weil Sie zu sehr auf die gerade eingeforderte Übung konzentriert sind.

ZIELE POSITIV FORMULIEREN

In meiner täglichen Praxis erlebe ich leider immer wieder, dass manche Menschen vollkommen verlernt haben, sich Fortschritte im Umgang mit ihrem Hund bewusst zu machen. Die nur sehen, was (noch) nicht klappt. Die ihren Hund ausschließlich mit dem Hund des Nachbarn vergleichen. Und die nicht mehr in der Lage sind, Glaubenssätze so zu formulieren, dass sie als Ziel erreichbar werden. Dabei ist gerade das ein äußerst wichtiger Punkt, wenn man etwas verändern will. Denn zum Glück lassen sich (Selbst-)Sicherheit und positives Denken erlernen. Und was dabei wirklich hilft, ist, alte Glaubenssätze im Zusammenleben mit dem Hund positiv umzuformulieren. So wird zum Beispiel aus …

› »Ich darf jetzt keine Fehler machen«: »Ich freue mich, wenn ich meine Fehler erkenne und aus ihnen lerne.«
› »Andere funktionieren besser als wir«: »Wir sind ein super Team und machen permanent Fortschritte.«
› »Das muss doch jetzt mal klappen«: »Das klappt zwar noch nicht perfekt, aber wir werden mit jedem Mal besser.«

Schreiben Sie doch mal spontan drei Gedanken zu sich und Ihrem Hund auf. Lassen Sie sie sacken und dann formulieren Sie sie erreichbar um. Klingt das nicht viel besser und plötzlich gar nicht mehr so schwer?

Ein Beispiel aus meinem Trainingsalltag

LUDWIG

Brigitte hatte einen Border Collie namens Ludwig, der aggressives Verhalten an der Leine zeigte. Ein klassischer Leinenpöbler, würde man wohl sagen: laut, peinlich, sozial unangebracht. Ludwig konnte kaum Ruhe halten, zeigte bei Stress eine schlechte Impulskontrolle und äußerte dies in durchgehendem Gebell.

Als ich die beiden das erste Mal traf, hatte Brigitte gerade erst ihre Mutter verloren. Ich sah eine gebeugte junge Frau, mit viel Stress im Gesicht, harten Schultern, und einen völlig überdreht bellenden Hund an der Leine. Ich schaute mir verschiedene Sequenzen an, fragte die gängigen Signale ab und stellte fest, dass es nicht an der Grunderziehung lag. Was ich aber beobachten konnte: Wenn ich Brigitte ansprach und sie sich auf das Gespräch mit mir konzentrierte, fuhr Ludwig merklich runter. Bis Brigitte erzählte, wie angespannt sie die Situation mit Ludwig derzeit empfände und wie unangenehm ihr sein Verhalten gegenüber den Nachbarn auf der Straße sei. Prompt drehte Ludwig wieder hoch und bellte und bellte …

Ich möchte hier kurz eine sehr persönliche Erfahrung einschieben: Vor einigen Jahren litt ich unter einer kompletten rechtsseitigen Gesichtslähmung. Ich konnte mein Auge nicht schließen, nicht aus einer Tasse trinken, nicht richtig sprechen. Meine Hunde konnten damals mein Gesicht nicht mehr »lesen«, meine Signale, die sich plötzlich so anders anhörten, nicht mehr umsetzen. Was ich damit sagen will: Unsere Mimik hat eine unglaubliche Bedeutung in der Kommunikation mit unseren Hunden. Selbst wenn sie nicht wie bei mir grundlegend eingeschränkt, sondern wie bei Brigitte »nur« den gegenwärtigen Stress oder ein momentanes Missbehagen widerspiegelt.

Das Problem: zu viele negative Emotionen

Ich bat um Erlaubnis, Ludwig kurz führen zu dürfen – und übernahm ihn. Ich führte ihn schweigend, aber lächelnd einige Runde an der lockeren Leine um den Platz. Ludwig brauchte ein wenig Zeit, um sich an mich zu gewöhnen, aber dann wurde er merklich ruhiger und weicher in seiner Gangart. Ich übergab ihn zurück an Brigitte. Die spannte sofort wieder die Schultern an. Ihre Kiefermuskeln wurden fest. Zwischen ihren Augen bildete sich eine tiefe Falte und ihr Blick wurde eng. Das alles übertrug sich sofort wieder auf Ludwig, der dementsprechend direkt wieder »ausflippte«.

Ich fragte Brigitte im Anschluss, ob sie gerne High Heels trüge, was sie strahlend bejahte. Es folgte eine sehr amüsante Sequenz, denn Brigittes Aufgabe bestand nun darin, sich vorzustellen, mit hohen Hacken über den Platz zu schlendern – stolz, die Schultern gerade, erhobenen Hauptes, den Blick nach vorne, ein Lächeln im Gesicht. Ludwig schüttelte sich erst und fing dann an, sich an Brigittes mutiger Gangart zu orientieren. Er wandte den Blick nach oben zu ihrem Gesicht und über diesen »Dialog« wurde Brigitte noch größer. Für mich das beste Beispiel für eine einfache Regel:

Hunde sind gute Beobachter. Vieles von dem, wie wir uns fühlen und was wir tun, färbt auf sie ab.

Verändern Sie sich, verändert sich Ihr Hund. Daher kann ich Ihnen nur raten, sich zwischendurch immer mal wieder zu filmen. Das Ergebnis wird Sie überraschen.
Brigittes Angst, ihr Hund könne sich wieder danebenbenehmen, war zwar nach diesem kurzen Intermezzo noch nicht besiegt. Aber die ersten Schritte waren getan. Erst recht, als ich ihr den Zusammenhang erklärte: Die Trauer über den Verlust ihrer Mutter hatte bei Brigitte zu einer gebeugten Körperhaltung geführt und bei Ludwig zu jeder Menge übertragener Emotion. Der Hund, von dieser Last natürlich völlig überfordert, zeigte Übersprungverhalten, was wiederum auf Brigitte zurückfiel, die immer noch mehr verspannte, weil ihr Hund sich nicht »benahm«. Dadurch wuchs wieder der Stress bei Ludwig, der dementsprechend »aufdrehte«, was Brigitte noch mehr belastete, weshalb sie dann … Sie ahnen sicher, wie es weiterging. Es war ein extrem negativer Kreislauf, den sie aus eigener Kraft nicht durchbrechen konnten.
Hier durfte ich also Brigitte unterstützen, zuerst sich selbst ein Stück zu verändern – um dann ihren Vierbeiner fast schon automatisch mit zu verändern.

SICHERHEIT SCHENKEN

Manchmal brauchen Hunde unsere Hilfe ganz besonders – weil sie eine Situation überfordert oder sie allgemein eher ängstlich sind. Dann tut es gut, einen starken Partner an der Seite zu haben.

Nicht immer ist der Partner am anderen Ende der Leine so souverän, wie wir es uns wünschen. Im Gegenteil: Ich sehe in meinem täglichen Berufsalltag sehr viele verunsicherte und ängstliche Hunde – und genauso viele verunsicherte und ängstliche Hundehalter.

Solche Unsicherheiten können sich bei Hunden in verschiedenen Verhaltensweisen äußern: Manche ziehen sich ängstlich zurück, verstecken sich oder meiden den Kontakt zu anderen Hunden oder Menschen. Andere bellen unkontrolliert oder verhalten sich aggressiv. Wieder andere zeigen Anzeichen von Stress, wie Hecheln oder Zittern, oder reagieren sonst wie empfindlich auf Umweltreize. Was alle verbindet: Diese Verhaltensweisen können scheinbar grundlos auftreten und stellen auch deswegen viele Hundehalter vor immense Herausforderungen.

»Es ist an uns, unseren Hund auf jede Situation im Laufe seines Lebens bestmöglich vorzubereiten. Das ist unsere Verantwortung.«

Warum ein Hund überhaupt unsicher ist, kann unterschiedliche Ursachen haben. Vielleicht hat er in der Prägungsphase schlechte Erfahrungen gemacht. Gerade in den ersten Lebenswochen und -monaten ist der Welpe besonders empfänglich für neue Eindrücke – und das kann deutliche Spuren hinterlassen. Wurde der Welpe schlecht sozialisiert und hatte zum Beispiel nicht ausreichend Kontakt zu Artgenossen oder konnte nicht genügend positive Erfahrungen mit Menschen machen, fehlen ihm diese später und er weiß nicht, wie man sich in bestimmten Situationen »normal« verhält. Später können negative Erfahrungen Angst verursachen, das kennen Sie vielleicht vom Tierarztbesuch. Genauso können traumatische Erlebnisse wie ein Unfall oder ein Beißvorfall dazu führen, dass ein Hund unsicher wird.

Im Laufe des Hundelebens gibt es zudem immer wiederkehrende Phasen der Gehirnentwicklung, die dazu dienen, bereits Erlerntes auf seine Gültigkeit zu hinterfragen. Ich nenne sie Spukphasen. Sie treten meist in ziemlich klaren Zeitfenstern auf: zwischen dem siebten und neunten sowie zwischen dem 16. und 18. Lebensmonat, kurz vor Beginn des dritten Lebensjahrs und dann noch einmal mit dem Eintritt ins Seniorenalter, also etwa ab dem achten Lebensjahr. Macht ein Hund in diesen Phasen immer wieder ähnliche »gruselige« Erfahrungen, können sich Unsicherheiten zu echten Ängsten auswachsen und bereits bestehende Ängste immer stärker werden. Das zeigen aktuelle Forschungen.

Nicht selten sind außerdem Schmerzen Ursache für Angstverknüpfungen – ich schicke fast jeden dritten Hund nach dem ersten Termin bei mir zum Tierarzt, weil ich entdecke, dass er Schmerzen im Bewegungsapparat hat. Und natürlich spielen auch genetische Faktoren eine Rolle: Manche Hunde sind einfach von Natur aus ängstlicher oder nervöser als andere.

Unabhängig vom Warum: Wichtig ist, zu wissen, dass unsicheres Verhalten nie »böswillig« ist, sondern immer ein Ausdruck von Stress und Überforderung. Ein guter Hundehalter sollte daher das Verhalten seines Hundes beobachten und verstehen, um ihm helfen zu können.

Manchmal ist es so einfach, Hunden ein Gefühl der Sicherheit zu schenken – zum Beispiel, indem wir uns in einer kritischen Situation selbstbewusst vor sie stellen.

WAS DAS SELBSTBEWUSSTSEIN TORPEDIERT

Klar, als Hundebesitzer möchten wir unseren vierbeinigen Begleitern nur das Beste bieten. Doch manchmal kann übertriebene Fürsorge das unsichere Verhalten eines Hundes noch verstärken. Wenn wir ständig hinter unseren Hunden herlaufen und ihnen jeden Wunsch von den Augen ablesen, kann sie das unsicher und ängstlich werden lassen. Denn sie lernen, dass sie ohne uns nicht zurechtkommen und wir sie ständig beschützen müssen. Im Fachjargon sprechen wir in Extremfällen dann von erlernter Hilflosigkeit.

Um sich zu einem souveränen Begleiter zu entwickeln, muss Ihr Hund Erfahrungen machen und zum Beispiel lernen, wie er sich bewegen muss, damit er sich nicht verletzt, wenn er im Wald über flache Baumstämme klettert. Er darf auch lernen, wie er die Kekse aus einem Eierkarton herausbekommt. Lassen Sie ihn also durchaus in kontrolliertem Rahmen mal ein Problem lösen.

Ein einfaches Beispiel: Ein Hund ist an der Leine und läuft hinter einen Baum. Viele Menschen gehen ihm jetzt hinterher und führen ihn damit um den Baum herum. Besser wäre es, sie würden einfach stehen bleiben und ihren Hund selbst herausfinden lassen, dass er erst den »Rückwärtsgang« einlegen muss, um dann vor dem Baum mit ihnen weiterlaufen zu können.

Anderes Beispiel: Der Ball hat sich im Geäst eines Strauches verfangen. Warten Sie ab, was Ihr Hund zeigt, um dieses Problem zu lösen. Bellt er? Läuft er unruhig umher? Womöglich setzt er sich irgendwann hin und schaut erst Sie an, dann den Ball. Das ist der perfekte Moment, um ihn zu unterstützen.

Vielleicht haben Sie auch ein sogenanntes Intelligenzspielzeug zu Hause, bei dem Ihr Hund selbst herausfinden soll, wie er an die Leckerlis kommt. Lassen Sie ihn ausprobieren. Das tut ihm gut!

Unsicherheitsfaktor 1: mangelnde Konsequenz

Mangelnde Konsequenz kann ebenfalls zu unsicherem Verhalten führen. Denn ohne verlässliche Kommunikationsregeln weiß ein Hund nicht, was er erwarten kann und was nicht. Das kann ihn unsicher machen, weil er dann nicht weiß, wie er sich verhalten soll.

Ich führe dafür »außer der Reihe« ein kurzes Beispiel aus meiner Berufspraxis an: Bruno war ein zweijähriger Bullmastiffrüde, der in einem vierköpfigen Haushalt lebte. Rassetypisch war er eher der gelassene Typ, gut so, denn Bruno sollte ein normaler Familienhund sein. Allerdings zeigte er zunehmend aggressives Verhalten, wenn Besuch kam. Man schickte mir vorab einige Videos. Darauf war ein körpersprachlich unsicher drohender Hund zu erkennen (Ohren zurück, viel Gewicht auf den Hinterläufen, aufgestellte Haare vom Nacken bis zur Rute, die Rute in etwa

dreiviertel hoher Stellung zum Rücken). Bei meinem ersten Hausbesuch stellte sich dann Folgendes als »Inkonsequenz« heraus: Waren alle Familienmitglieder zu Hause, sollte Bruno nicht »aufpassen« oder »anschlagen«. Das war nur dann gewollt, wenn der eine Partner auf Geschäftsreise war, was an drei Tagen in der Woche der Fall war – an diesen drei Tagen sollte der Hund plötzlich durchaus warnen, sobald sich jemand dem Grundstück oder der Haustür näherte. Für Bruno war dieser Parameter – Mensch da: nicht bellen, Mensch nicht da: bellen – allerdings nicht eindeutig. Er verstand nicht, warum er für ein und dasselbe Verhalten mal ausgeschimpft wurde, mal nicht. Das führte mehr und mehr zu Unsicherheiten, die alsbald ein echtes Problem darstellten.
Um das Problem zu lösen, führten wir dann übrigens ein »Warntuch« ein. Trug Bruno es um den Hals, war er sozusagen im Dienst – unabhängig von der Anzahl der Familienmitglieder im Haus. Und ohne Halstuch hatte er schlicht keinen »Job«. Das verstand er ziemlich schnell.

Unsicherheitsfaktor 2: falsches Training

Sogar falsches »Training« kann ein Problem werden. An dieser Stelle mache ich Sie mit Tony bekannt. Tony war ein neun Monate alter Terriermix aus dem deutschen Tierschutz. Und Tony hatte große Schwierigkeiten, wenn es auf das Auto zuging. Tonys Besitzer Markus sagte mir vorweg, er hätte bereits alles versucht. Also schaute ich mir an, was das denn genau hieß.
Tony zeigte schon massive Stresssymptome, wenn er das Auto nur sah, und klemmte die Rute unter den Bauch. Dann holte Markus die Leberwursttube aus der Tasche, hockte sich zu Tony, streichelte ihn und fütterte ihn dabei in Blickrichtung zum Auto. Er erzählte mir, dass er seinen Rüden sogar schon mal drei Tage aushungern hatte lassen, um ihn dann mit richtig tollem Futter zum Auto lotsen zu können. Das war zwar sicherlich gut gemeint, als Trainingsansatz allerdings absolut kontraproduktiv. Denn Tonys Emotion der Angst wurde durch die Zugabe von Futter an der falschen Stelle immer wieder verstärkt. Markus hat unbewusst richtiggehend in Tonys Angst »hineingefüttert«, statt das Futter als Belohnung zu nutzen.

Unsicherheitsfaktor 3: Überforderung

Womit wir auch schon beim nächsten Punkt sind: Überforderung. Sie stresst und unter Stress kann das Hundegehirn nicht mehr so gut lernen – da sind uns unsere vierbeinigen Partner wieder sehr ähnlich. Wenn ein Hund immer wieder Situationen ausgesetzt wird, die er nicht bewältigen kann, wird er sich letztlich hilflos fühlen und unsicher werden. Gehen Sie daher schrittweise vor und beenden Sie jedes Training mit einem positiven Ergebnis – und mag es am Anfang noch so klein sein.

Hier »schreit« der ganze Hund: »Ich fühle mich nicht wohl!« Je nachdem, wie wir darauf reagieren, können wir die Unsicherheit verstärken oder Lösungswege anbieten.

Mitunter fehlinterpretieren wir auch die Signale unserer Hunde. Zu diesen Zeichen gehören unter anderem:

› lange Maulspalte, angelegte Ohren, eingezogene Rute, aufgestellte Bürste

› Zurückweichen, Bogen laufen, Zittern, Jaulen oder eben genau entgegengerichtet: Blickfixierung, Einfrieren des ganzen Körpers, Knurren und Abschnappen

› sogenanntes Stressdösen – das sieht dann zwar aus, als sei der Hund entspannt. Tatsächlich hat er aber nur gelernt: »Besser, ich rühre mich nicht zu viel, dann passiert mir nichts.« Wer zum Beispiel denkt, sein Vierbeiner wolle ihn beschützen, wenn er andere Menschen oder Hunde anbellt, obwohl es genau andersherum ist und der Hund aus Angst bellt, verstärkt damit ebenfalls die Unsicherheit. Meist lobt oder beruhigt er dann nämlich seinen Hund – und lobt damit die Emotion beziehungsweise gibt die Rückmeldung: »Mensch, super, du bist unsicher. Weiter so!« Es ist daher wichtig, die Signale des Hundes richtig zu interpretieren und angemessen darauf zu reagieren. Holen Sie Ihren Hund aus der Situation, indem Sie zum Beispiel den Abstand vergrößern oder den Stressor managen (Beispiel: Bitten Sie den Tierarzt, die Ohren Ihres Hundes ganz am Schluss zu untersuchen, wenn dieser das besonders schlimm findet. Wenn er dann kooperiert, darf er im Anschluss runter von Untersuchungstisch.)

ACHTUNG, GEFAHR!

Was können Sie kurzfristig tun, um Ihrem Hund zu helfen und die Situation zu entspannen, wenn er Ängste zeigt?

› Gehen Sie auf Ihren Hund ein, aber bedauern Sie ihn bitte nicht. Das macht es nur noch schlimmer. Damit verstärken Sie nämlich stimmlich die emotionale Stimmung Ihres Hundes.

› Wenn Ihr Hund irgendwo seine Nase zum Schnuppern einsetzen kann, dann lassen Sie ihn machen. Schnuppern beruhigt und fährt massiv runter.

› Setzen Sie Futter und Spielzeug zur Entspannung und zum Stressabbau ein. Streuen Sie zum Beispiel Leckerlis auf den Boden und lassen Sie Ihren Hund sie suchen (Nasenarbeit beruhigt) oder holen Sie das Lieblingsspielzeug für eine kurze Spieleinheit hervor.

› Eine konsequente Leinenführung dagegen kann in diesen Momenten kontraproduktiv sein. Ihr Hund wird sich unmöglich auf Sie konzentrieren können und dies in der Situation als zusätzlichen Druck empfinden. Warten Sie also, bis der Abstand zum Angstauslöser groß genug ist, dass Ihr Hund wieder ansprechbar ist, sprich dass er wieder auf seinen Namen reagieren kann.

› Neigt Ihr Hund zum panischen Flüchten, nutzen Sie unbedingt ein sogenanntes Fluchtgeschirr. Ein weiterer Riemen hinter den Rippenbögen verhindert zuverlässig, dass sich der Hund aus dem Geschirr windet.

› Das Wichtigste: Vermeiden Sie es, Ihren Hund mit den angstauslösenden Dingen zu konfrontieren, bis Sie einen Trainer kontaktiert haben.

Es ist übrigens völlig normal, dass Ihr Hund gewisse Dinge vielleicht etwas gruseliger findet als Sie. Reagieren Sie deswegen nicht überdramatisch, sondern bleiben Sie stets aufmerksam, damit Sie Ihren Hund nicht in Situationen bringen, die ihn derartig emotional überfordern.

DER UMGANG MIT DER ANGST

Unsicherheit bei Hunden ist ein komplexes Thema. Weil sie so viele Ursachen haben kann, gibt es nicht das eine Training, mit dem sie sich lösen lässt. Trotzdem lässt sich mit Geduld, Empathie und gezieltem Training das Verhalten ängstlicher Hunde enorm verbessern. Es ist allerdings wichtig, den Tieren genug Zeit zu geben – hier wird man niemals über Nacht Erfolg haben. Umso wichtiger ist es,

Stresssituationen mit einem angstauslösenden Reiz zunächst zu vermeiden und das Training ganz gezielt an die Bedürfnisse und das individuelle Verhalten anzupassen. Hunde sind wie wir auch Persönlichkeiten und können dementsprechend jede Situation ganz unterschiedlich wahrnehmen. Seien Sie daher achtsam und versuchen Sie, die Welt aus der Perspektive Ihres Vierbeiners zu betrachten. Vielleicht hilft es Ihnen, sich noch mal die Spinnenphobie ins Gedächtnis zu rufen: Unsicherheiten müssen nicht rational sein. Auch der Satz »Ich habe ihm/ihr doch nie was damit angetan« bringt hier nicht weiter. Manchmal reicht eben eine Verknüpfung – und die kann auch vor Ihrer Zeit geschehen sein.

»Durch Geduld und Empathie, gezieltes Training, eine positive Umgebung und das Vermeiden von Stresssituationen helfen Sie Ihrem Hund, seine Unsicherheit zu überwinden, und ermöglichen ihm so ein glücklicheres Leben.«

Verzweifeln Sie bitte nicht, sondern machen Sie sich auf den Weg, das Verhalten Ihres Hundes und damit sein Leben (und Ihres) zu verbessern. Eine positive Umgebung kann Ihrem Hund Sicherheit geben und ihm zeigen, dass er sich auf Sie verlassen kann. Hierbei ist es entscheidend, dass Sie Ihren Hund nicht überfordern und ihm Zeit geben, sich an neue Situationen anzupassen. Vermeiden Sie Stresssituationen und versuchen Sie, Ihren Hund bestmöglich zu schützen. Nehmen wir mal den Tierarztbesuch: Die meisten Welpenbesitzer sagen: »Ach, meiner hat da kein Problem.« Das stimmt meistens auch – bis zur dritten Impfung. Dann hat der Hund nach zwei vorherigen Besuchen verknüpft: »Wenn ich auf einem Tisch stehe, wird es unangenehm für mich.« Üben Sie deswegen Tierarztbesuche zu Hause vor: Stellen Sie den Hund auf eine erhöhte Fläche (Stuhl oder einen flachen Tisch) und füttern Sie ihn dort erst einmal nur. Dann beginnen Sie schrittweise, die Ohren und die Pfoten zu kontrollieren. Streichen Sie mit einer Krallenschere zunächst mehrfach das gesamte Fell ab. Auch hier wollen Sie erst mal lediglich die Scheu nehmen. Krallenschneiden tut meist nicht wirklich weh, ist aber durch das Festhalten der Pfote und das »Quetschen« der Kralle beim Abschneiden für die meisten Hunde unangenehm und unnatürlich. Also beginnen Sie auch hier schrittweise erst damit, die Pfote mit der Schere abzutasten, und belohnen Sie jeden Schritt des Ruhighaltens und der Kooperation mit einem Keks, bevor es »ernst« wird. Ich gehe sogar so weit, dass ich Wattepads mit Desinfektionsmittel neben dem Hund auf den Tisch lege, denn natürlich spielt auch die Nase im Gewöhnungstraining eine wichtige Rolle. Ach, ich könnte ein ganzes Buch schreiben übers » Medical Training« …

An erster Stelle steht hier wieder einmal das Wahrnehmen: Benennen Sie das unsichere Verhalten Ihres Hundes möglichst konkret (»Meinem Hund sind schreiende Kinder unheimlich«, »Mein Hund erschrickt vor Rollern auf dem Bürgersteig«, »Mein Hund hat Angst vor Händen am Kopf«, »Mein Hund hat Angst vor Männern mit einem Gehstock« usw.). Und dann beginnen Sie systematisch damit, ihm die Angst davor zu nehmen.

Hilfe zur Selbsthilfe

Gezieltes Training ist ein wichtiger Baustein, um das unsichere Verhalten Ihres Hundes zu verbessern. So unterstützen beispielsweise Übungen, die die körperliche Geschicklichkeit verbessern, Hunde dabei, sich ihrer Größe und Beweglichkeit bewusst zu werden. Vielleicht haben Sie selbst erst kürzlich einen Kletterpark besucht oder eine neue Yogaübung ausprobiert und festgestellt, wie spannend es ist, sich und seinen Körper zu spüren. Das gilt auch für unsere Vierbeiner. Insbesondere bei Hunden aus reizarmer Aufzucht, in der der Welpe in seinen ersten Lebenswochen wenig bis gar nichts kennengelernt hat, oder bei Hunden aus dem Tierschutz verzeichnet man hier gute Erfolge.

Ebenfalls unterstützend wirken Übungen, die ein ruhiges, konzentriertes Verhalten fördern: Hierzu gehört das stetige Fördern und Belohnen von Blickkontakt, Umorientierung als alternatives Verhalten à la: »Schau, da kommt etwas, das mich gruselt. Was machen wir als Nächstes?« aus der Sicht Ihres Hundes, das gemeinsame Erkunden von neuen Geräten oder Untergründen und entspannte Spaziergänge.

Ich empfehle zudem eine immer wiederkehrende Desensibilisierung – an wechselnden Orten, mit unterschiedlichen Personen und Reizintensitäten. Das Ganze sollte allerdings unbedingt in so kleinen Schritten erfolgen, dass Ihr Hund noch in der Lage ist, ein ruhiges, vielleicht neugieriges Verhalten zu zeigen. Dies hat sich als überaus wirksam bei Umweltängsten gezeigt. Bauen Sie also routinierte Abwechslung in Ihren Alltag ein. Wählen Sie diese sehr behutsam: Das kann die Nebenstraße sein, die Sie sonst nicht laufen, oder eine neue Abfolge Ihres üblichen Tagesablaufs (wie erst mit dem Hund raus und dann Kaffee trinken). Beobachten Sie Fahrräder oder laut spielende Kinder von der Ferne und nicht gleich direkt am Rand des Spielplatzes oder des Schulhofs.

Wenn Ihr Hund Angst in der Großstadt hat, kann es manchmal ratsam sein, lieber eine Stunde früher aufzustehen und eine schöne Runde zu drehen, solange der Berufsverkehr noch nicht voll im Gange ist.

Und bitte behalten Sie bei all dem immer im Hinterkopf: Angst oder übermäßiger Stress verhindern das Lernen. Gehen Sie also lieber im Schildkrötentempo voran, so kommen Sie stetig, aber ruhig zum Ziel.

ERFOLGSFAKTOR ZEIT

Man liest immer wieder oder sieht entsprechende Fernsehberichte, dass man Hunde aus dem Tierschutz oder generell ängstliche Hunde ganz besonders vielen Situationen aussetzen müsste. Dass diese Hunde »da durchmüssen«. Ich bin entschieden dagegen! Ein Hund wird seine Ängste ablegen, wenn wir ihm Zeit geben, wenn wir seine Emotionen (und Furcht und Angst zu haben, ist eine Emotion) zunächst einmal akzeptieren, um sie dann schrittweise (!) abzubauen oder umzuwandeln. Es gibt Hunde (meist sind sie wirklich aus dem Tierschutz), die eine sogenannte erlernte Hilflosigkeit zeigen. Sie haben gelernt, dass man sie in Ruhe lässt, wenn sie so tun, als würden sie nichts können. Auch in diesem Fall ist es wichtig, zu zeigen: »Ich akzeptiere dich. Ein paar Schritte schaffen wir aber mit Freude und Ruhe gemeinsam.«

Und dann steht über allem: Geduld. Geduld. Geduld. Glauben Sie mir: Ich bin wahrlich kein geduldiger Mensch. Was erledigt werden kann, wird erledigt. Wenn es schneller gehen kann, bin ich dabei. Bei Hunden jedoch hat meine Geduld kein Ende. Und Geduld bedeutet nicht Nachlässigkeit oder ein Laissez-faire. Sie bedeutet für mich gutes, geplantes, schrittweises Vorgehen. Wie schnell sich Fortschritte einstellen, liegt sowieso beim Hund. Sie haben ein ganzes Hundeleben lang Zeit, das Beste aus Ihrer Partnerschaft zu machen. Genießen Sie diese Zeit. Ungeduldig können Sie an der Supermarktkasse sein, obwohl es Sie da genauso wenig weiterbringt.

Kommen wir zu meinen Lieblingsübungen: die »Sichere Hand«, »Kuckuck« und der »Kinn-Touch«. Alle drei können und sollten Sie auch dann trainieren, wenn Ihr Hund keine generelle Unsicherheit zeigt, aber, sagen wir mal, den Tierarzt nicht wirklich sympathisch findet. Dasselbe gilt, wenn Sie auf Nummer sicher gehen wollen, dass Sie Ihren Vierbeiner zum Beispiel in einem engen Fahrstuhl oder einem vollen Bus problemlos »parken« können.

Ich beginne diese Übungen am liebsten schon im Welpenalter, aber es lohnt sich in jedem Alter einzusteigen. Insbesondere den Kinn-Touch werden Sie immer wieder mal brauchen, etwa wenn Sie Ihrem Hund Augentropfen verabreichen oder in Ruhe seine Öhrchen putzen möchten. Ich finde es überhaupt extrem wichtig, dass unsere Hunde auf so gut wie alles bestmöglich vorbereitet werden.

Sicher, es kann immer etwas geben, bei dem Sie Ihrem Hund nicht direkt helfen können. Sie können ihm aber vorher schon beibringen, dass Sie stets bei ihm sind, und ihm schon dadurch helfen. Ich will hier gar keine Horrorszenarien an die Wand malen. Denken Sie nur mal an wiederkehrende Prozeduren wie Impfen, Krallenschneiden oder den Besuch beim Hundefriseur. Vielleicht ist es auch einmal nötig, dem Hund einen Verband an den Pfoten anzulegen. Und Sie wissen auch nie, ob er nicht irgendwann einen Diabetes entwickelt und ihm öfter als einmal im Jahr eine Spritze verabreicht werden muss. All diese Situationen lassen sich mit etwas Übung so viel angenehmer gestalten. Trotzdem machen sich meiner Erfahrung nach leider noch viel zu wenig Hundehalter Gedanken darüber, wie sie jenseits von Sitz, Platz und Fuß kooperativ mit ihrem Hund durchs Leben gehen können. Denken Sie daran: Ihr Hund begleitet Sie nur ein Stück Ihres Lebensweges. Für ihn aber sind Sie sein Leben. Behandeln Sie ihn gut.

Training: Sichere Hand

Bei dieser Übung nutzen Sie ein Werkzeug, das Sie immer dabeihaben: Ihre Hand. Ihr Hund soll lernen, sie mit der Nase zu berühren und dort so lange zu verharren beziehungsweise so lange an ihr mitzulaufen, bis er ein anderes Signal erhält oder Sie ihn freigeben.

Die »Sichere Hand« eignet sich immer dann, wenn es räumlich eng wird, also auf schmalen Bürgersteigen, in Treppenhäusern oder im Fahrstuhl oder auch bei Hundebegegnungen, wenn sich die Tiere partout nicht ausweichen können. Sie unterstützt die Strategie Ihres Hundes, sich in ein alternatives Verhalten zu retten, wenn er etwas unheimlich findet, und hilft Ihnen, ihn sicher durch solche Situationen zu führen.

1. Klemmen Sie sich ein Leckerchen zwischen Mittel- und Ringfinger, gehen Sie ein paar Schritte rückwärts und locken Sie den Hund mit der geöffneten flachen Hand (Handflächen nach unten), Ihnen zu folgen. (1)
2. Sobald die Hundenase Ihre flache Hand berührt, geben Sie das Leckerchen frei beziehungsweise kann es sich der Hund zwischen den Fingern herauszupfen. (2)
3. Wiederholen Sie das einige Male. Achten Sie bitte penibel darauf, dass Ihr Hund sich Ihrer Hand nähert und Sie nicht Ihre Hand dem Hund entgegenstrecken. Sie merken schon, hier kommt wieder meine pingelige Seite raus.
4. Nun nehmen Sie den Keks in die andere Hand und präsentieren die flache Hand wie zuvor, allerdings diesmal ohne Leckerli. Richten Sie sich dabei genauso zurück wie in Step 1 und 2. Berührt Ihr Hund die Handfläche, loben Sie wieder und – das ist wichtig – geben den Keks wieder an genau

die gleiche Stelle, wo er zuvor gesteckt hat. Das ist deshalb so wichtig, weil Sie die Position belohnen wollen, nicht den Moment, in dem der Hund den Kopf wegzieht. Ich halte es da wie Bob Bailey, einer der bekanntesten Tiertrainer, der sagt: »Click for action, feed for position.« Markieren/loben Sie also die Aktion, die Ihr Hund vollzieht, und füttern Sie in der Position. In unserem Fall heißt das: Loben Sie, wenn Sie seine Nase an Ihrer Handfläche spüren, und füttern Sie den Keks genau an der Stelle, wo er zuvor gesteckt hat. Seien Sie hier bitte ganz genau!

Diese Übung können Sie wirklich überall wiederholen. Sie benötigen weder ein weiteres Hilfsmittel noch irgendein Wortsignal, denn Ihre ausgestreckte flache Hand ist ja bereits Ihr Signal. Zur Erinnerung: Optische Signale sind immer von höherer Priorität als akustische (siehe Seite 18).

Im weiteren Trainingsverlauf können Sie die Sichere Hand auch als Zielverstärker beim Rückruf einsetzen und als Verstärker für die Umorientierung. Ich setze sie auch als »Fuß«-Orientierungshilfe ein. Dafür »ziehe« ich mir den Hund, nachdem er sich an der Hand »angedockt« hat, mit einer Drehung hinter mich und führe ihn mit der Nase an meiner Hand vorbei an Situationen. Ich liebe diese Übung einfach über alles, auch weil die Hunde sie so gerne annehmen!

Training: Kuckuck

Ziel dieser Übung ist, dass sich Ihr Hund auf das Signal »Kuckuck« zwischen Ihre Beine sortiert und dortbleibt oder mitläuft, bis Sie ihn wieder freigeben. So können Sie dafür Sorge tragen, dass ihm niemand zu nahe kommt, (egal, ob andere Hunde oder andere Menschen), und Ihren Vierbeiner sicher »parken«. Ihr Hund lernt dabei, dass er sich in stressigen Situationen in Ihre Hände begeben und sich zwischen Ihren Beinen in eine nach allen Seiten gesicherte Position »retten« und egal, was kommt, ganz entspannt bleiben kann. Er soll einfach wissen, dass Sie sein »sozialer Puffer« sind.

1. Der erste Aufbau gelingt am einfachsten übers Locken: Sie nehmen wieder einen Keks zur Hand, lassen Ihren Hund mit der Nase daran andocken (1) und führen ihn so von hinten durch Ihre Beine (2+3), bis sein Kopf vorne wieder herausschaut (4). Es ist dabei für den Erfolg der Übung nicht entscheidend, ob Sie jedes Mal rechts- oder linksherum führen. (Bei einem kleinen Hund kann es dagegen sinnvoll sein, parallel zu üben, das Bein über den Hunderücken zu heben, um den eigenen Rücken zu schonen.) Wiederholen Sie das Ganze 15- bis 20-mal.

2. Wechseln Sie auf das »Luftleckerli« und »ziehen« Sie sich Ihren Hund wie in Step 1 zwischen Ihre Beine. Dort angekommen, loben Sie ihn, zaubern einen Keks hervor und verfüttern ihn in der Endposition.
3. Im nächsten Schritt sagen Sie erst »Kuckuck« und wiederholen dann die Bewegung mit dem Luftleckerli. Geben Sie nicht auf, wenn es nicht gleich klappt. Meist sind hier mehrere Wiederholungen nötig. Machen Sie nach fünf Wiederholungen eine Pause, spielen Sie mit Ihrem Hund oder üben Sie etwas anderes.
4. Steigerung gefällig? Wenn Sie mit dem Hund zwischen den Beinen in die Bewegung kommen möchten, beginnen Sie zunächst für fünf Wiederholungen wieder mit einem »echten« Keks. Holen Sie den Hund zunächst wie beschrieben ins »Kuckuck«. Dann halten Sie ihm den Keks vor die Nase und machen langsam ein paar Schritte nach vorne. Wenn Ihr Hund mit der Nase voraus mitläuft, loben Sie ihn und geben den Keks frei. Nicht verzagen: Bei Hunden, die körperliche Nähe als Herausforderung sehen, kann dieser Schritt etwas länger dauern. Seien Sie geduldig und freuen Sie sich über jeden noch so kleinen Erfolg!

Training: Kinn-Touch

Mit dem Kinn-Touch bieten Sie Ihrem Hund eine einfache und zugleich wirkungsvolle Methode, sich in stressigen Situationen auf Sie zu fokussieren. Die Übung ist zwar etwas anspruchsvoller, hilft ihm aber zuverlässig, sich zu konzentrieren. Als Helmut bei mir einzog, hatte er Respekt vor Händen und ließ sich alles andere als gerne anfassen, geschweige denn, dass er zum Kuscheln kam. Ich brauchte also zügig Trainingshilfen, mit denen ich schrittweise die Annäherung an meinen Körper trainieren konnte. Innerhalb kürzester Zeit konnte ich dank des Kinn-Touchs mit sicherer Hand seine Augen und Ohren kontrollieren und ihm Spritzen setzen. Er findet das bis heute nicht großartig, hat aber gelernt, dass es Situationen gibt, die er mit meiner Hilfe aushalten kann.

1. Stellen oder knien Sie sich vor Ihren Hund – der steht oder sitzt vor Ihnen und schaut Sie an. Sollte er das nicht tun, sprechen Sie ihn kurz mit Namen an, damit Sie seine Aufmerksamkeit haben.
2. Legen Sie ein kleines Stück Futter auf Ihre Handwurzel (1) und präsentieren Sie die Hand Ihrem Hund dann möglichst nah am Maul, sodass sein Kinn zwangsläufig kurz die Handfläche berührt. Er darf das Leckerli sofort fressen. (2) Wiederholen Sie dies 10- bis 15-mal.

3. Direkt im Anschluss tun Sie im nächsten Schritt nur so, als würden Sie etwas auf die Hand legen (»Luftkeks«). Sobald das Kinn des Hundes Ihre Fingerspitzen oder die Hand berührt, loben Sie verbal und legen das Leckerli dann auf dieselbe Stelle der Hand wie in Step 1. Wiederholen Sie auch diesen Schritt einige Male und gehen Sie erst dann zur nächsten Stufe weiter.
4. Ändern Sie jeden Tag Ihre Position: Mal sitzen Sie auf einem Stuhl, mal auf dem Sofa … Ihr Hund soll sich später überall auf den Kinn-Touch einlassen.
5. Nun geht es darum, die Dauer der Berührung zu verlängern. Das heißt, Ihr Hund muss einige Sekunden länger warten, bis Ihr Lobwort erklingt, und das Kinn mehrere Sekunden lang auf der Handfläche liegen lassen. Beginnen Sie mit drei Sekunden und erhöhen Sie jedes Mal um mindestens eine Sekunde, bis er 30 Sekunden lang die Position halten kann. Danach können Sie die Intervalle um je 30 bis 60 Sekunden verlängern. Je nach Hund kann das einige Tage dauern – mit drei Trainingsintervallen à fünf Wiederholungen am Tag.
6. Halten Sie beide Hände hinter dem Rücken. (3) Geben Sie kurz das Signalwort »Kinn« und bringen Sie erst dann Ihre Hand in die Position aus den vorherigen Schritten. (4) Starten Sie hier bitte mit dem zuletzt gezeigten Zeitintervall Ihres Hundes, damit Sie im Training nicht zurückfallen.

Kuckuck ist kein bloßes Kunststück, Sie können damit Ihrem Hund draußen jederzeit einen sicheren Raum schaffen und dadurch so manche kritische Situation entschärfen.

BESONDERE HERAUSFORDERUNGEN

Wenn Sie einen unsicheren Hund an Ihrer Seite haben, erwarten Sie unter Umständen auch besondere Herausforderungen: Aggressionsverhalten gegenüber anderen Hunden und/oder Menschen, unkontrollierbares Bellen oder die Panik vor bestimmten Situationen oder Geräuschen wie Sirenen, Gewitter oder Feuerwerk. Das kann für Sie und Ihren Hund zu einer großen Belastung werden. Umso wichtiger ist es, den Hund behutsam an solche Situationen zu gewöhnen und ihm das Gefühl zu geben, dass nichts Schlimmes passieren wird. Wenn Sie die Signale Ihres Hundes richtig interpretieren und angemessen reagieren, können Sie ihn dabei unterstützen, seine Unsicherheit zu überwinden.
Bedenken Sie aber auch, dass unsicheres Verhalten ein komplexes Thema ist. Wenn Sie selbst unsicher sind, welche Schritte Sie unternehmen können, oder

4-7-8-ATEMÜBUNG

Manchmal müssen wir nicht nur unseren Hunden Sicherheit geben, sondern auch uns selbst stärken. Ich habe gemerkt, dass es dazu sehr hilfreich sein kann, sich auf seinen Atem zu konzentrieren und ihn in ruhige, gelassene Bahnen zu lenken. Dadurch werden wir ebenfalls ruhig und gelassen. Die 4-7-8-Atemübung beispielsweise ist eine Atemtechnik, die hilft, Anspannung zu lösen und stattdessen die Entspannung zu fördern und den Herzschlag zu beruhigen. Sie besteht aus drei einfachen Schritten:

- 4 Sekunden einatmen: Atmen Sie durch die Nase ein und zählen Sie dabei bis vier.
- 7 Sekunden innehalten: Halten Sie den Atem an und zählen Sie dabei bis sieben.
- 8 Sekunden ausatmen: Atmen Sie ruhig durch den Mund aus und zählen Sie dabei bis acht.

Wiederholen Sie diese Abfolge insgesamt viermal.
Sie können die Atemtechnik vor dem Spaziergang anwenden oder wenn Sie sich bei der Gassirunde eine erfrischende Pause gönnen wollen. Einigen Menschen hilft es, wenn sie zusätzlich ihre Augen schließen. Fühlen Sie sich dabei eher unwohl, suchen Sie sich einen Punkt, den Sie beim Atmen fixieren, beispielsweise eine Pflanze. Oder schauen Sie doch einfach auf Ihren Hund! Ist er nicht wunderschön?

Unsere Hunde können immer nur so sicher sein wie wir selbst. Deshalb ist es wichtig, zwischendurch immer wieder Kraft zu tanken.

sich das Verhalten Ihres Hundes durch Selbsthilfemaßnahmen nicht verbessert, ist es ratsam, professionelle Hilfe in Anspruch zu nehmen. Das gilt insbesondere, wenn das unsichere Verhalten des Hundes starke Auswirkungen auf seinen Alltag hat oder sich negative Verhaltensweisen wie Aggressionen oder unkontrollierbares Bellen zeigen. Oftmals liegt hier das Problem tiefer und lässt sich nicht allein durch das gemeinsame Training mit dem Halter lösen. Ein erfahrener Hundetrainer oder Verhaltensspezialist kann hier individuelle Lösungen und Trainingspläne entwickeln. Eins ist mir immens wichtig zu betonen: Körperliche Strafen oder negative Verstärkung können das aggressive Verhalten noch verschlimmern. Ein positiver, belohnungsbasierter Trainingsansatz, kombiniert mit Geduld und Konsequenz, ist hier weitaus effektiver. Im Zweifelsfall sollten Sie immer einen Tierarzt oder professionellen Hundetrainer konsultieren, um eine angemessene Unterstützung zu erhalten.
Ein Tierarzt kann körperliche Ursachen ausschließen oder behandeln, die das Verhalten beeinflussen können. Nur noch mal zur Erinnerung: Schmerzen sind die häufigste Ursache dafür, dass Hunde sich anders verhalten, als wir es uns wünschen. Ich erlebe täglich Fälle, in denen sich Aggressionsverhalten quasi in Luft auflöst, wenn endlich die Schmerzdiagnostik des Hundes erfolgreich war und behandelt wurde. Ein Hund kann uns selten mitteilen, dass es hier und dort ordentlich zwickt, ob sein Nacken verspannt ist oder die Hüfte beim Laufen schmerzt. Ich stelle daher jeden Hund, der mit aggressivem Verhalten vorgestellt wird, erst mal sprichwörtlich auf den Kopf. Ein qualifizierter Hundetrainer in Zusammenarbeit mit einem versierten Tierarzt kann Ihnen gezielte Übungen und Techniken zeigen, um das Verhalten Ihres Hundes zu verbessern.
Apropos: Auch hormonelle Umstände können das Verhalten unseres Hundes massiv beeinflussen. So bitte ich bei »plötzlichem« Angst- oder Aggressionsverhalten auch darum, die Schilddrüsenfunktion checken zu lassen – ein großes Thema, zu dem es hierzulande bisher wenig wirkliche Experten gibt. Trauen Sie sich also ruhig mal, über den Tellerrand hinauszublicken, und geben Sie keine Ruhe, bis Sie eine Erklärung gefunden oder ausgeschlossen haben. Ich habe deutschlandweit Kontakt zu Experten für die verschiedenen Fachgebiete und schätze diese interdisziplinäre Zusammenarbeit sehr. Am Ende geht es immer um unsere Hunde. Es ist unsere Aufgabe, alles erdenklich Mögliche abzuklären.

Ein Beispiel aus meinem Trainingsalltag

JACKI

Jacki war ein vierjähriger Shih-Tzu-Rüde und lebte bei einem Paar, das mich als letzte Rettung sah. Wenn auch ich ihnen nicht helfen könne, müsse Jacki weg, teilten sie mir frustriert mit.
Wie immer bei neuen Klienten ließ ich auch die beiden einen sechsseitigen Fragebogen ausfüllen. So erfuhr ich, dass Jacki seit dem sechsten Lebensmonat Jagdverhalten auf Autos und Radfahrer zeigte. Man hatte ihnen in einer »Hundeschule« beigebracht, mit Leinenruck drauf zu reagieren, den Hund auf den Rücken zu werfen oder einen Schlüsselbund nach ihm zu werfen.
Aber das war noch nicht alles. Jacki verteidigte seinen Futternapf in der Küche so extrem, dass beide Erwachsene schon Bisswunden davongetragen hatten, die sogar genäht werden mussten.

Das Problem: aversive Trainingsmethoden

Weil für Hunde, die mit massiver körperlicher Gewalt »trainiert« wurden, körperliche Schmerzen wie Wirbelverschiebungen oder eingeklemmte Nerven im Nacken- und Rückenbereich typisch sind, bat ich darum, Jacki zu röntgen. Die Bilder waren erschreckend: zwei verschobene Wirbel im Nackenbereich, ein Keilwirbel kurz vor den Lendenwirbeln und ein geschwollener Strang im Bereich der Hüfte. Damit war klar: Dieser Hund hatte Schmerzen!
Bei unserem ersten Termin zeigte sich dann auch prompt das Missverständnis: Wir beobachteten über eine Haustierkamera, dass Jacki durch Einschränkungen im Rücken- und Nackenbereich schon völlig steif vor Schmerz wurde, wenn er sich nur zu seinem Futternapf hinunterbeugte. Seine Faszien zuckten nur so die Rückenlinie herunter.
Es mag auf den ersten Blick unverständlich erscheinen, wo hier die Unterscheidung ist zwischen »Der Hund verteidigt sein Futter« und »Der Hund hat Schmerzen und hat den Menschen, der ihm sein Futter gibt, damit verknüpft«. Doch nicht immer sind schlichte Aussagen wie »Die Hand, die mich füttert, beiße ich nicht« der Komplexität eines Problems angemessen. So auch hier. Jacki hatte nicht nur draußen Autos und Radfahrer mit Schmerzen verknüpft, sondern auch das Futter drinnen (»Das Futter wird hingestellt, ich habe Schmerzen, der Mensch ist in der Nähe, also macht der Mensch die Schmerzen«).
Genauso war es mit Autos und Radfahrern draußen durch die aversiven Trainingsmethoden nicht besser geworden. Im Gegenteil! Diese hatten das Problem sogar noch weiter potenziert und zusätzlich wurde durch die gewaltsamen Methoden noch eine Schmerzankündigung »trainiert«. Um es aus Jackis Sicht zu erläutern: »Bevor das Auto oder der Radfahrer mir den nächsten Schmerzimpuls verursachen, reagiere ich mit aggressivem Verhalten, um den für mich negativen Reiz möglichst frühzeitig zu vertreiben.« Das ist eines der häufigsten Resultate, wenn man einen Hund mit Strafreizen »trainiert«: Er verknüpft mit dem folgenden Schmerzreiz nicht die Handlung als solche,

So sehr manches Verhalten wie Jagen auch stört: Aversive Trainingsmethoden sind keine Lösung. Nie!

sondern den Reiz (also das Auto, das Kind, einen anderen Hund oder Menschen etc.) als Schmerzankündigung. Und er beginnt sich dann aus seiner Sicht frühzeitig darum zu kümmern, dass dieser Reiz unter gar keinen Umständen näher kommt. Ich lehne diese Methoden ab. Punkt. Bei Jacki wurden alle aversiven Methoden sofort eingestellt. Er bekam Schmerzmittel und dazu drei Monate Physiotherapie bei einem erfahrenen Osteopathen sowie einen leicht erhöhten Futternapf, damit er sich beim Fressen nicht so tief bücken musste.
Entspanntere Auto- und Radfahrerbegegnungen übten wir danach mit Umorientierung und der »Sicheren Hand« (siehe Seite 134 f.). Die Behandlung und das Training waren ein voller Erfolg. Jacki hat seine Familie nie wieder attackiert und ist heute ein ganz »normaler« Hund.
Professionelle Hilfe richtet sich nie nur an den Vierbeiner, sondern auch an seine Zweibeiner. Sie müssen lernen, hinzuschauen, genau zu analysieren und dann zu verstehen. Zusammen mit einem Experten lässt sich daraufhin ein individueller Plan erstellen, der genau auf die Bedürfnisse des Hundes abgestimmt ist.

NEIN HEISST NEIN, AUCH BEI HUNDEN

Wenn unsichere Hunde immer wieder an ihre Grenzen stoßen, kann die Situation schnell mal kippen. Wenn wir ihr »Nein« dagegen richtig deuten, können wir rechtzeitig eingreifen und dadurch Eskalationen verhindern.

Lassen Sie uns zu Beginn dieses Kapitels zur Abwechslung doch mal kurz den sogenannten Hundeknigge ins Gedächtnis rufen, also die wichtigsten Verhaltensweisen, die das Zusammenleben von Zwei - und Vierbeinern um so vieles leichter machen. Er lautet:

› Kothaufen bitte entfernen.
› Ihr Hund kann lernen, wo er urinieren darf und wo nicht.
› Jogger, Kinder und Radfahrer hinterherzurennen ist tabu.
› Eine gelbe Schleife am Halsband oder an er Leine bedeutet: Bitte Abstand halten!
› Hunde mit Kenndecken (Assistenzhunde/Blindenführhunde) sind »auf Arbeit« und werden nicht gestört.
› Der Hund wird nur abgeleint, wenn Sie ihn auch wirklich zurückrufen können – aus jeder Situation und vor allem: solange Sie ihn noch im Blick haben.
› Im Wald darf der Hund gerne auf dem Weg bleiben und in der Schonzeit wird er auch dort bitte angeleint.
› Begegnen Sie einem Hund an einer Leine, leinen Sie Ihren eigenen bitte auch an.
› Genauso wird er auf Gehwegen angeleint, wenn Ihnen Menschen entgegenkommen – auch ohne Hund.
› Fremde Hunde weder füttern noch streicheln.
› Bei Mehrhundebegegnungen im Freilauf Beutespiele vermeiden (zum Beispiel Ball- oder Frisbeewerfen).
› Seien Sie nett zueinander: Ein Lächeln hilft Ihrem Gegenüber und Ihren Hunden.

All diese Vorsätze klingen so selbstverständlich, nicht wahr? Ich erlebe es leider dennoch jeden Tag anders. Erst kürzlich drehte ich mit Helmut im Dunkeln die letzte Gassirunde, als plötzlich ein schwarzer fremder Hund unangeleint auf uns zugerannt kam. Ich hatte Helmut gerade in die »Kuckuck«-Position geholt (siehe Seite 136 f.), da kam die Besitzerin hektisch um die Ecke und rief uns völlig außer Atem zu: »Keine Sorge, die ist nur ein bisschen läufig.«

Mir fehlten in dem Moment die Worte. Erstens: Hund außer Sicht, weil bereits um die Ecke gerannt. Zweitens: Läufige Hündin mitten in der Stadt auf der Straße ohne Leine. Drittens: Keinen Rückruf beziehungsweise Namen trainiert. Viertens: Ein »bisschen läufig« gibt es nicht.

Momente wie diese sind leider kein Einzelfall, sondern längst alltägliche, aus meiner Perspektive völlig unnötige Stresssituationen geworden. Deshalb möchte ich mit Ihnen jetzt auf Situationen schauen, die Ihnen helfen, Begegnungen besser einschätzen zu können und fair und hundegerecht zu managen. Helmut und ich hatten in dieser Situation noch Glück, denn die Hündin war lediglich aufdringlich, zeigte aber kein aggressives Verhalten. Da passieren mir in meiner täglichen Praxis ganz andere Situationen mit ganz anderen Kalibern.

WENN DIE STIMMUNG KIPPT: AGGRESSIVES VERHALTEN

Es ist für viele Menschen bereits stressig genug, sich mit aggressivem Verhalten fremder Hunde auseinanderzusetzen. Zeigt der eigene Hund aggressives Verhalten, kommen noch einmal komplett andere Emotionen und Herausforderungen mit ins Spiel, die die Beziehung mitunter nachhaltig belasten. Umso wichtiger ist es, den Grund für all das zu verstehen.

Aggressionsverhalten bei Hunden kann durch verschiedene Faktoren beeinflusst werden, dazu gehören unter anderem …

› **Angst oder Unsicherheit:** Ein Hund kann aggressiv reagieren, wenn er sich bedroht oder unsicher fühlt. In diesem Fall ist es wichtig, die Ursache der Angst zu identifizieren und dem Hund das Gefühl von Sicherheit zu vermitteln (das wissen Sie bereits aus dem vorangegangenen Kapitel).

› **Ausgeprägtes Territorialverhalten:** Manche Hunde verteidigen aggressiv ihr Territorium. Dem kann durch geeignetes Training und Management gezielt entgegengewirkt werden.

› **Unzureichende Sozialisierung:** Hunde, die nicht ausreichend sozialisiert wurden, können Schwierigkeiten im Umgang mit Artgenossen oder Menschen haben. Eine positive Sozialisierung in verschiedenen Umgebungen ist daher unglaublich wichtig, besonders im Welpenalter.

› **Ressourcenverteidigung:** Einige Vierbeiner können aggressiv werden, wenn sie ihre Ressourcen verteidigen, etwa Futter oder Spielzeug. Ein Training zur Ressour-

Nicht immer wirken Drohgebärden wie diese. Manchmal kann die Situation auch eskalieren. Umso wichtiger ist es, dann einen kühlen Kopf zu bewahren, um sich selbst zu schützen und um die Hunde nicht noch weiter anzustacheln.

centeilung kann hier helfen, die Situationen zu entschärfen. Holen Sie sich hier am besten Hilfe von einem Experten, denn die Situation kann hier besonders schnell eskalieren (siehe Seite 33).

› **Und zur Erinnerung:** Ein Hund kann auch dann aggressiv reagieren, wenn er Schmerzen hat oder krank ist. Das gilt insbesondere bei plötzlich auftretendem Aggressionsverhalten. Bitte stellen Sie Ihren Vierbeiner dann einem Tierarzt vor – am besten einem entsprechend geschulten und auf Verhaltensmedizin spezialisierten Experten. Er kann eine vernünftige Gangbildanalyse, eine saubere Untersuchung des gesamten Körpers, der Zähne und gegebenenfalls der Augen durchführen und ein Blutbild wirklich in der Tiefe analysieren.

Was auch immer der Grund für aggressive Verhaltensweisen sein mag: Es ist wichtig, diese sehr ernst zu nehmen. Denn sie können letztendlich nicht nur das Wohlbefinden des Hundes beeinträchtigen, sondern auch potenziell gefährlich für Menschen und andere Tiere sein.

TREFFEN SICH ZWEI HUNDE …

Tatsache ist nun mal, dass wir nicht allein mit unserem Hund auf der Welt leben. Andere Menschen haben auch Hunde und deswegen lässt es sich kaum vermeiden, dass man dem einen oder anderen davon auch mal über den Weg läuft. Solche Hundebegegnungen können dann sowohl für Zwei- als auch für den Vierbeiner eine ganz schöne Herausforderung darstellen. Deshalb kommen nun einige Tipps, wie Sie das Zusammentreffen erfolgreich meistern können.

1. Einschätzen der Situation: Beobachten Sie die Körpersprache beider Hunde. Zeigen sie Anzeichen von Entspannung (leicht wedelnde Ruten, aufrechte, aber nicht angespannte Körperhaltung) oder Stress (gesträubtes Fell, eingezogene Rute, Vermeidungsverhalten)? Selbst wenn Sie sich noch nicht sicher sind, wie Sie die Situation einschätzen sollen: Üben Sie Ihre eigene Blickschule. Kommt Ihnen etwas nicht geheuer vor, verlassen Sie die Situation, ohne Ihren Hund hektisch zu rufen. Er wird Ihnen folgen, wenn er die Distanzvergrößerung zum anderen Hund für eine gute Idee hält.

2. An der Leine: Wenn beide Hunde an der Leine sind, versuchen Sie, die Leine locker zu halten. Eine zu straffe Leine kann bei Hunden Stress verursachen. Vermeiden Sie es, dass die Leinen sich verheddern.

Innerhalb einer Gruppe kann sich die Dynamik in Sekundenschnelle ändern. Daher ist es wichtig, nicht den Kontakt zum Hund zu verlieren.

3. Langsame Annäherung: Lassen Sie die Hunde sich langsam einander nähern, anstatt sie direkt im Sprint aufeinander zuzuführen. Ein zu schnelles Vorgehen kann Unsicherheit oder sogar Aggression auslösen. Begegnen Sie sich möglichst in einem Bogen, das ist eine positive Annäherung.

4. Positive Verstärkung: Belohnen Sie ruhiges Verhalten mit Lob oder Leckerlis. Positive Verstärkung kann dazu beitragen, positive Assoziationen mit Hundebegegnungen zu schaffen.

5. Körpersprache weiter beachten: Achten Sie weiterhin auf die Körpersprache beider Hunde. Wenn einer Anzeichen von Unwohlsein zeigt, brechen Sie die Begegnung ab und versuchen Sie es irgendwann später in einem ruhigeren Umfeld erneut. Gehen Sie dazu wie oben beschrieben aus der Situation und vergrößern Sie den Abstand. Ihr Hund wird diese Deeskalationsstrategie dann annehmen.

6. Kontrollierte Umgebung: Versuchen Sie, Hundebegegnungen zunächst in einer kontrollierten Umgebung zu ermöglichen, bevor Sie sich dann auch in belebte Bereiche begeben. Ein ruhiger Ort ohne Ablenkungen kann den Hunden helfen, sich besser zu konzentrieren.

7. Abstand halten: Falls Sie unsicher sind, wie sich die Hunde verhalten könnten, halten Sie ausreichend Abstand und nähern Sie sich schrittweise an. Sie können die Distanz verringern, wenn beide Hunde entspannt bleiben.

8. Ablenkung verwenden: Bringen Sie Spielzeug oder Leckerlis mit, um die Aufmerksamkeit Ihres Hundes auf positive Dinge zu lenken. Das kann dazu beitragen, unnötige Spannungen zu vermeiden.

9. Training: Investieren Sie Zeit in das Training Ihres Hundes. Ein Hund, der durch gezieltes Training Selbstbewusstsein erlernt hat beziehungsweise weiß, dass er sich an seinem Menschen orientieren kann, ist eher in der Lage, sich in sozialen Situationen angemessen zu verhalten. Dies gilt für jede Art von Training beziehungsweise jede gemeinsame Übung. Je besser Ihre Beziehung und Kommunikation ist, desto eher wird sich Ihr Hund auch in möglichen Konfliktsituationen an Ihnen orientieren und sich von Ihnen helfen lassen.

10. Professionelle Hilfe: Wenn Ihr Hund immer wieder Probleme mit Hundebegegnungen hat, ziehen Sie die Hilfe eines professionellen Hundetrainers oder Verhaltensspezialisten in Betracht.

Die Schlüssel zum Erfolg, ich kann es einfach nicht oft genug wiederholen, sind Geduld, Aufmerksamkeit und die Fähigkeit, die Signale und Bedürfnisse der Hunde zu erkennen. Indem Sie positive Erfahrungen fördern und negative vermeiden, können Sie dazu beitragen, dass Hundebegegnungen für alle Beteiligten angenehm sind. Ein höflicher Umgang miteinander, sowohl unter Menschen als auch mit Hunden, ist entscheidend, um positive Interaktionen zu fördern.

Aber nicht nur das unerschrockene und friedliche Miteinander unter Hunden will gelernt sein, genauso muss auch der höfliche Umgang mit anderen Menschen beziehungsweise Hundehaltern trainiert werden. Das schafft eine positive Umgebung für alle Beteiligten. Respekt, Aufmerksamkeit und Kommunikation sind entscheidend, um sicherzustellen, dass Begegnungen, egal welcher Art, angenehm und stressfrei verlaufen.
Ihre eigenen Umgangsformen sind hier übrigens mitentscheidend für das Verhalten Ihres Hundes. Wir gehen also nicht nur mit gutem Beispiel für andere voran, sondern sind auch das gute Beispiel für unseren Hund. Dem könnten wir viel mehr Beachtung schenken. Hier sind einige Tipps.

Ihr Verhalten im Umgang mit anderen Menschen ...

1. Leinenregeln beachten: Falls Ihr Hund an der Leine ist, halten Sie ausreichend Abstand zu anderen Hunden und Menschen. Dies zeigt Respekt und verhindert mögliche Konflikte.
2. Fragen vor der Annäherung: Falls Sie mit Ihrem Hund auf andere Menschen zugehen, fragen Sie höflich, ob es in Ordnung ist, dass Ihr Hund sich nähert. Nicht alle Menschen sind begeistert von Hunden oder möchten von einem unbekannten Hund angesprungen werden.
3. Achten Sie auf die Körpersprache: Beobachten Sie die Körpersprache anderer Menschen. Wenn sie Anzeichen von Unbehagen zeigen, respektieren Sie den Wunsch nach Distanz.
4. Erlaubnis einholen: Wenn Ihr Hund neugierig ist und mit anderen Menschen interagieren möchte, bitten Sie höflich um Erlaubnis, bevor er Kontakt aufnimmt.
5. Reaktion auf andere Hunde: Wenn Sie auf andere Hunde treffen, bleiben Sie ruhig und gelassen. Achten Sie darauf, dass Ihr Hund keine Anzeichen von Aggression zeigt, und halten Sie die Leine locker.

... und im Umgang mit anderen Hunden

1. Leinenregeln beachten: Falls Ihr Hund angeleint ist und auf einen anderen Hund trifft, lassen Sie genügend Raum, um unerwünschte Konfrontationen zu vermeiden.
2. Auf positive Begegnungen achten: Fördern Sie positive Interaktionen zwischen Hunden. Wenn beide Hunde interessiert und freundlich wirken, können sie sich auf eine spielerische Weise annähern.
3. Respektieren Sie den Wunsch nach Distanz: Einige Hunde mögen es nicht, wenn ihre Artgenossen zu aufdringlich sind. Achten Sie darauf, die Signale anderer Hunde zu respektieren, und ermöglichen Sie ihnen, sich zurückzuziehen, wenn nötig.

4. Kontakt mit Erlaubnis: Lassen Sie Ihren Hund nicht ungefragt auf andere Hunde zugehen. Einige Hunde sind schüchtern oder nicht gut sozialisiert und könnten aufdringliches Verhalten als bedrohlich empfinden.
5. Notfallplan haben: Haben Sie einen Plan für den Fall, dass eine Hundebegegnung stressig wird. Hier bieten sich das sichere Ansprechen mit dem Namen an oder auch Ablenkungen, wie die »Sichere Hand« (siehe Seite 134 f.) oder »Kuckuck« (Seite 136 f.) oder »Baum« (Seite 90 f.). Vermeiden Sie auf alle Fälle, Futter ins Spiel zu bringen. Das könnte eine weitere Eskalationsstufe auslösen.

WIE AGGRESSION SICH HOCHSCHAUKELT

Und nun gebe ich Ihnen erst einmal eine eigentlich simple und doch schwierige Aufgabe, die ich sehr häufig nutze, um Menschen Aggressionsverhalten näherzubringen. Keine Sorge: Sie müssen dazu keine Gewalt ausüben, sondern lediglich lernen, eine einfache Grenze zu ziehen.
Genau das ist allerdings etwas, was wir in unserer westlichen modernen Gesellschaft fast verlernt haben: freundlich, klar und gewaltfrei unser Bedürfnis zu formulieren. Ich bin mir fast sicher, dass auch Sie ein simples »Nein« in den meisten Fällen noch mit einer Begründung versehen, um weniger rigoros zu erscheinen. Dabei ist doch ein Nein eigentlich alles, was man braucht, oder? Zumindest aus der Sicht Ihres Hundes. Und hier kommt die Aufgabe:

☞ Gehen Sie zu einem Bäcker und suchen Sie sich in der Auslage ein Brötchen. Ich meine nicht die Sorte, sondern beispielsweise von den Mohnbrötchen das dritte von rechts in der Auslage. (Ich persönlich mag Sesam lieber, aber das ist irrelevant an dieser Stelle und soll Sie lediglich zum Schmunzeln bringen.) Wenn Sie sich für genau dieses eine Brötchen entschieden haben, bestellen Sie es. Vermutlich wird der Verkäufer, die Verkäuferin erst einmal zu irgendeinem Mohnbrötchen greifen. Und nun überwinden Sie sich bitte. Lächeln Sie und sagen Sie: »Nein. Ich möchte dieses Mohnbrötchen bitte.« Und wiederholen Sie das so lange, bis Sie genau das Brötchen in Ihrer Tüte haben, das Sie sich zu Beginn ausgesucht hatten.

Liest man diese Übung, denkt man: »Ja, okay, kann man machen, ist nicht so schwer.« Aber glauben Sie mir bitte: Dies ist eine fundamentale Übung, wenn Sie Ihren Hund verstehen möchten. Die Beharrlichkeit und Klarheit und dadurch auch eine gewisse Form der Höflichkeit zu wahren und gleichzeitig seine Bedürfnisse so lange zu formulieren, bis man entweder bekommt, was man möchte, oder man geht, weil es dann doch nicht so wichtig ist: Das machen unsere Hunde. Jeden Tag. Und genau das erwarten Sie auch von uns, um sich sicher zu fühlen: freundliche Beharrlichkeit, Höflichkeit und verständliche Kommunikation mit Empathie.

Die Eskalationsleiter

Ein Nein braucht keine Rechtfertigung: Das ist so ein schlichter Satz und doch hat er so viel Bedeutung. Unsere Hunde sagen ständig Nein zueinander – und sie sagen es auch zu uns Menschen. Allerdings hören wir es oft nicht. Denn neben dem Knurren und Bellen haben unsere Vierbeiner viele andere Möglichkeiten, ihre Meinung lautlos kundzutun. Stichwort Körpersprache.

Im Hinblick auf das Aggressionsverhalten unserer Hunde hilft es, wenn wir uns eine Kombination aus einer Verkehrsampel und einer Leiter vorstellen: In der grünen Phase ist alles, nun ja, eben im grünen Bereich. Gelb signalisiert die Warnstufe und bei Rot wäre eine Vollbremsung angebracht. Die Situation verändert sich also von »Ja, alles in Ordnung« über »Moment mal, bitte« hin zu »Nein« und »Auf gar keinen Fall«. Erinnern Sie sich an die vier Fs (siehe Seite 113)?

Bereits auf der zweiten Stufe von unten sagt unser Hund das erste Mal leise »Nein«. Je weniger wir den ersten »Neins« keine Beachtung schenken beziehungsweise je weniger es ein anderer Hund tut oder sich darüber hinwegsetzt, desto höher klettert unser Hund auf der Leiter nach oben – immer vorausgesetzt, er hat keine anderen erfolgversprechenden Verhaltensstrategien wie Flucht oder Flirten

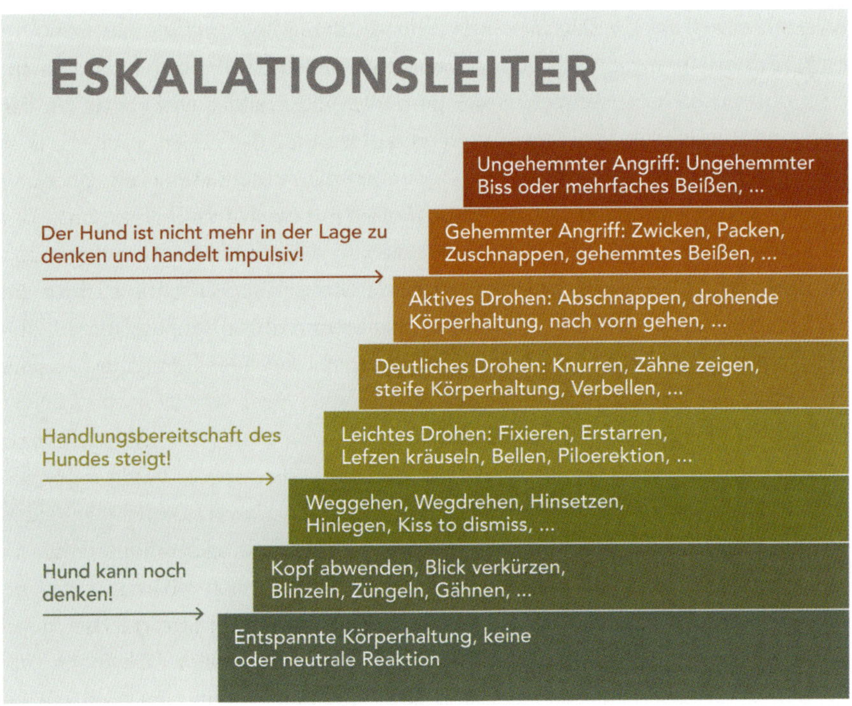

Jeder Hund reagiert anders auf subjektiv empfundene Bedrohungen. Ignoriert man seine Signale auf der gelb-orangefarbenen Stufe oder bestraft ihn dafür, lernt er, dass sie nicht zum gewünschten Ziel führen (mehr Distanz zum Auslöser). Es kann dann sein, dass er eine oder mehrere Stufen überspringt und sein Gegenüber direkt angreift.

erlernt. Die zwei obersten Stufen werden nur in den seltensten Fällen aktiviert, dennoch gehören sie zu meinem Traineralltag leider immer häufiger dazu.
Ein möglicher Grund dafür (medizinische Ursachen, die oft den Hauptgrund ausmachen, lasse ich hier einmal beiseite, obwohl Sie das immer als Erstes gründlichst checken sollten) ist zum Beispiel, dass viele Hundehalter versuchen, ihren Vierbeinern das Knurren abzugewöhnen, meist mit aversiven Trainingsmethoden (Wasserflaschen, Rüttelflaschen, ständige Korrektur am Hund oder durch die Leine, Stachelhalsbänder, Gewalt und, und, und). Zu den aversiven Methoden gehören alle Maßnahmen, bei denen Druck, Schmerz, Gewalt, körperlicher Einfluss und psychischer Stress eingesetzt werden, um den Hund gefügig oder verhaltenaufgebend zu beeinflussen. (Bitte haben Sie Verständnis, dass ich nicht zu detailliert auf die einzelnen Methoden eingehen werde, um keine Ideen zu schüren.) Falls Sie sich gerade fragen: »Wer macht das denn heute noch?« Leider immer noch viele sogenannte Trainer. In meiner täglichen Praxis gibt es nichts, was mir nicht begegnet. Suchen Sie bitte sofort das Weite, wenn Ihnen derlei Methoden angeboten werden. Zum einen schaden sie massiv dem Verhältnis zum Hund, weil wir aus seiner Sicht dadurch unberechenbar werden. Zum anderen verschlimmern sie das Verhalten so gut wie immer. Der Biologe John Bradshaw, Gründer und Leiter des weltweit renommierten anthrozoologischen Instituts an der Universität von Bristol, etwa schreibt in seinem Buch »Hundeverstand«, dass Methoden wie den Hund zur Einschüchterung anzustarren oder physische Gewalt anzuwenden, um ihn zur Herausgabe eines Gegenstandes zu zwingen, bei mindestens einem Viertel der betroffenen Hunde eine aggressive Reaktion auslösen.
Hunde lernen beispielsweise bei Begegnungen mit Artgenossen: »Ah, ein Hund erscheint, jetzt wird es für mich gleich unangenehm« (weil etwa bei Sichtung eines anderen Hundes immer der Leinenruck erfolgte, der Hund aber nicht verknüpft hat: »Ah, ich soll etwas anderes zeigen«, sondern: »Hund taucht auf, Ruck am Kehlkopf, Gefahr für körperliche Unversehrtheit, ergo: Bevor der Ruck kommt, belle ich den anderen Hund schon mal lauthals weg«). Dies alles trägt dazu bei, dass ein Hund lernt: Sage ich noch freundlich und höflich Nein, schützt mich das nicht die Bohne. Ergo muss ich mehr zeigen.

Perspektivenwechsel lohnt sich

Jetzt geht es mit all diesem Hintergrundwissen mal wieder nach draußen.
Versetzen Sie sich bei der nächsten Gassirunde bitte einmal in die Lage und Kommunikationswelt Ihres Hundes: Sie wissen im Groben, wie ein freundlicher Hund aussieht, ein Hund, der Imponierverhalten zeigt oder lauert. Überlegen Sie: »Wenn ich das sehe, muss mein Hund das doch auch sehen.« Genau! Und Ihr

Hunde haben es auch nicht immer leicht: Dichtes Fell wie bei diesem Puli etwa kann die Verständigung unter Artgenossen erschweren, weil Mimik und Körpersprache nicht eindeutig zu lesen sind. Dadurch kann es zu Missverständnissen kommen.

Hund sieht sogar noch viel mehr und muss all das »richtig« deuten, für sich umsetzen und dann auch noch so handeln, wie, was er im besten Fall weiß, wir es von ihm erwarten. Nämlich sozial adäquat. Ein Beispiel: Ein Shiba Inu trägt eine hochgestellte Ringelrute, ein Akita Inu hat zu dieser noch eine etwas höhergestellte Hüfte und könnte damit selbst bei neutraler Körperhaltung als »imponierend« wahrgenommen werden. Natürlich gehört nie nur ein einzelnes Merkmal zum Gesamtausdruck, es kann aber je nach selektiver Wahrnehmung Ihres Hundes deutlich wichtiger sein als andere Signale. Der Ridgeback mit den aufgestellten Rückenhaaren (Ridge) wirkt auf ihn dann eventuell selbst in neutraler Haltung grunderregter als, sagen wir mal, ein Labrador. Ach, ich könnte diese Liste wirklich ohne Ende fortsetzen. So gelten beispielsweise Hunde mit auffällig vollem Haarkleid als schlechter »lesbar«.

Dazu kommen dann noch die Gerüche, die unsere Hunde wahrnehmen, während sie unserer Nase verborgen bleiben. Riecht ein Hund krank? Riecht er säuerlich ansteckend? Oder nach Stress, nach Geschlechtsreife …?

Es gibt zum Beispiel eine Amöbenart, die sich in den Analdrüsen ansiedelt und deren Abbauprodukte selbst einen »intakten« Rüden wie eine läufige Hündin riechen lassen, weswegen er entsprechend häufig von anderen Rüden belästigt und sexuell motiviert bedrängt wird. Deren Verhalten wird dann fälschlicherweise als Dominanz bezeichnet und schlimmstenfalls fällt noch der Satz: »Das müssen die jetzt mal unter sich regeln.«

Was dann passiert? Sehr bald wird der belästigte Hund ein deutlicheres »Nein« zeigen, wenn sich Artgenossen von hinten annähern. Dasselbe gilt eventuell bei Kontakt zu anderen »intakten« Rüden. Dabei ging es nur um einen winzigen Einzeller, der ganz problemlos mit einer entsprechenden Spülung beim Tierarzt hätte behandelt werden können.

Nehmen Sie daher immer auch die Perspektive Ihres Hundes ein und betreiben Sie echte Ursachenforschung. Hören Sie Ihrem Hund zu und respektieren Sie an allererster Stelle ein Nein. Und dann schauen Sie genau hin. Hinterfragen Sie! Oder um den Hundeverhaltenstherapeuten Masih Samin zu zitieren: »Seien Sie höflich zu Ihrem Hund!« Dazu gehört auch, dass Sie ihm zuhören oder zusehen. Schaffen Sie eine Akzeptanz. Nur dann können Sie gemeinsam an einer Verbesserung der Emotion Ihres Hundes arbeiten – und auch an Ihrer eigenen.

»Ein Nein Ihres Hundes ist nicht das Ende, sondern ein Anfang. Ein Anfang, sich Ihren gemeinsamen Trainingsstand bewusst zu machen und einen Startpunkt zu haben.«

Wir als Menschen können mit unserer eingeschränkten Wahrnehmung gar nicht beurteilen, was unsere Hunde alles wahrnehmen. Wenn Ihr Vierbeiner Ihnen zum Beispiel zeigt »Den da find ich doof«, indem er zum Beispiel langsamer wird in einer Hundebegegnung an der Leine oder einmal bellt, dann akzeptieren Sie das erst einmal und helfen Sie ihm, indem Sie den Abstand wieder vergrößern. Ich selbst schütze meinen Hund draußen, indem ich fremde, sich rasch nähernde Hunde direkt abblocke und meinen Hund hinter mich bringe. Ich bin immer der sichere Puffer für meinen Hund. Als verlässlicher Partner ist das für mich ein Muss. Mein Hund hat ja schon Nein gesagt, also respektiere ich das und schütze ihn.

Erinnern Sie sich an die Übung beim Bäcker? Wie ist es Ihnen ergangen? Welche Gefühle haben Sie wahrgenommen? Waren Sie frustriert, weil Sie vielleicht nicht gleich verstanden wurden? Haben Sie vielleicht mit einem übertriebenen Lächeln oder einem lockeren Spruch versucht, die Lage zu entspannen? Hat es Sie gestresst, weil die Schlange hinter Ihnen immer länger wurde? Oder sind Sie doch eingeknickt und haben sich einfach irgendein Brötchen geben lassen? All das sind auch Diskrepanzen, die unsere Hunde durchleben – in Situationen, die sie sich nicht selbst aussuchen können.

Halten wir fest: Aggressionsverhalten im gelben Bereich gehört zum normalen Ausdrucksverhalten Ihres Hundes. Nehmen Sie es deswegen wahr und trainieren Sie es dann wieder in den grünen Bereich – aber eben nicht, indem Sie das Verhalten unterbinden beziehungsweise abbrechen, durch ein lautes »Nein« oder körperliche Züchtigung, sondern indem Sie Ihrem Hund Alternativen anbieten.

»Das ist ja alles schön und gut«, denken Sie jetzt vielleicht. »Aber was mache ich denn im konkreten Notfall, wenn so ein Hund zudringlich wird?« Machen Sie es zum Beispiel wie ich: Bei Hunden, die aus größerer Distanz einen Annäherungsversuch andeuten und deren Menschen ich dazu sehe, forme ich mit den Armen ein großes X über meinem Kopf und halte die Leine demonstrativ hoch. Bei höflichen Menschen funktioniert das eigentlich immer. Sehe ich, dass mein »Nein, bitte nicht ranlassen« nicht respektiert wird, schaue ich, ob ich den anderen ausweichen kann. Was ich nicht mache: laut rufen, denn das würde meinen Hund lediglich animieren, mit einzustimmen.

Wenn gar nichts hilft und die Umgebung sicher ist – sprich: keine Straße, kein Gleis oder Ähnliches in der Nähe ist –, lasse ich die Leine ganz locker und im Zweifel sogar komplett fallen, damit mein Hund mehrere Strategien hat und entweder ausweichen, einfrieren oder eine Spiel- beziehungsweise Entstressungsgeste zeigen kann.

Mitunter braucht es vollen Körpereinsatz, um andere Hundehalter aufmerksam zu machen auf die eigenen Bedürfnisse – und die seines Hundes.

Wenn ich weiß, dass ein Hund gerne jagt,
nehme ich ihn im Wald an die Leine.
So muss er gar nicht erst »überlegen«,
was er tun soll und darf, sondern kann
den Spaziergang entspannt genießen.

ALARMSTUFE ROT

Jetzt geht es wirklich ans Eingemachte und an die Frage, was zu tun ist, wenn es richtig eskaliert und der eigene Hund gebissen wird oder beißt? Ich würde Ihnen gerne sagen: »Bleiben Sie in so einem Fall ruhig.« Allerdings wird das kaum einem Laien gelingen. Ans Herz legen möchte ich es Ihnen dennoch. Stehen Sie nicht in einer Traube um die Hunde herum, um dann selbst »reinzugehen«. Dadurch heizen Sie die Stimmung nur noch mehr auf. Gehen Sie stattdessen ruhig in einem Bogen auf die Hunde zu und versuchen Sie einen der Hunde »abzusammeln«. Achten Sie dabei unbedingt auf Ihre eigene Sicherheit: Beugen Sie sich nicht über die Hunde und schützen Sie Ihr Gesicht. Schützen Sie Ihre Hände und greifen Sie auf keinen Fall nach den Schnauzen. Wenn Sie die Hunde getrennt haben, vergrößern Sie zunächst den Abstand. Leinen Sie die Hunde zunächst wieder an, um eine weitere Eskalation zu vermeiden. Tauschen Sie mit dem anderen Hundehalter Nummern aus – dafür hat man schließlich eine Haftpflichtversicherung. Auch wenn es schwerfällt, nicht anfangen, miteinander zu streiten. Die negative Stimmung überträgt sich auf die Hunde.

Sollte einer der Hunde tatsächlich schwer verletzt sein, legen Sie ihm sofort einen Maulkorb an. Dafür brauchen Sie für den absoluten Notfall nur zwei zusammengeknotete Socken oder eine Mullbinde aus dem Erste-Hilfe-Kasten im Auto. Legen Sie diese von oben über die Schnauze, kreuzen Sie die Enden unter dem Kiefer und verknoten Sie sie dann hinter den Ohren. Das reicht zumindest für den

Zum Glück verlaufen die meisten Konflikte unter Hunden glimpflich. Trotzdem kann bei Mensch und Tier ein ungutes Gefühl zurückbleiben, das weitere Spaziergänge beeinträchtigt.

Transport zum Tierarzt und verhindert, dass Ihr Hund Sie aufgrund seiner starken Schmerzen während des Transports womöglich beißt.

Ich empfehle Ihnen, zur Vorsorge in einem Erste-Hilfe-Kurs zu erlernen, wie man einen Druckverband beim Hund anlegt und worauf man sonst noch achten muss. Das kann im Ernstfall wirklich lebensrettend sein. Ich selbst habe das so sehr verinnerlicht, dass ich einem Hundehalter nach einem Unfall übers Telefon erklären könnte, was er genau zu tun hat, damit sein Hund auf der Fahrt in die Klinik zumindest nicht verblutet.

Gehen wir aber mal nicht vom Schlimmsten aus und kommen stattdessen zu den psychischen Folgen eines solchen Vorfalls: Im ersten Moment sind sicher alle Parteien, Vier- und Zweibeiner, in einem Schreckzustand und die Adrenalinkonzentration im Blut ist bei beiden übermäßig hoch. Dazu kommen vielleicht noch für solche Situationen typisches Frieren, beginnendes Zittern und im schlimmsten Fall setzt ein Schockzustand ein. Das alles sind aber nur die kurzfristigen und direkten Folgen. Sie vergehen. Was jedoch bleibt, ist ein Trauma. Deswegen stellt man plötzlich fest, dass der Puls bei bestimmten Hunderassen, mit denen man schlechte Erfahrungen gemacht hat, hochgeht. Dass man bei ihrem bloßen Anblick schnell die Straßenseite zu wechseln versucht. Oder dass man gar auf der Stelle einen Haken schlägt und die Richtung wechselt, wenn einem überhaupt ein Hund entgegenkommt … Bei unseren Hunden, die ja noch viel mehr an der Auseinandersetzung beteiligt waren, wird es womöglich noch schlimmer sein. Umso mehr bräuchten sie uns als souveränen Partner an ihrer Seite.

Zeitnah handeln

Ich erlebe in meiner täglichen Arbeit leider oft, dass Menschen sich erst Monate nach so einem prägenden Erlebnis bei mir melden. Jedes neue Mensch-Hund-Team muss bei mir einen Fragebogen vorab ausfüllen. Und was denken Sie, was bei vielen Hund-Hund-Aggressionsverhalten zu lesen ist? »Wurde vor ca. einem Jahr von anderem Hund gebissen.« Traumaentwicklung kann monatelang andauern, bis sich das volle Ausmaß zeigt. Daher rate ich Ihnen: Tun Sie ein solches Erlebnis nicht ab, sondern suchen Sie zeitnah einen qualifizierten Trainer auf und lassen Sie sich beide wieder eines Besseren belehren. Ihr Gehirn und ebenso das Ihres Hundes kann so ein Erlebnis verarbeiten und das Verhalten wieder in andere Bahnen lenken. Alleine schafft man das allerdings kaum. Ich erlebe das täglich in meiner Praxis, in der ich erst Atemübungen und Konzentrationsübungen mit den Menschen mache, bevor wir anfangen, den Hund miteinzubeziehen. Meist liegt hier dann ein monatelanges Training vor uns – denn es geht um Ihren gemeinsamen Weg mit Ihrem Hund.

Ein Beispiel aus meinem Trainingsalltag

HELGA

Begleiten Sie mich zu Klaus und seiner Continental-Bulldog-Dame Helga: Klaus war ein lebensfroher Rentner, der sein Leben lang Hunde hatte. Und zwar immer Deutsch-Kurzhaar! Er verfügte also durchaus über einiges an Erfahrung. Als er in Rente ging, beschloss Klaus, dass es nun Zeit für einen etwas kleineren Hund wäre, der zudem, so seine Formulierung, »ein wenig mehr Humor« mitbringen sollte. Also zog Welpe Helga bei ihm ein.

Die ersten eineinhalb Jahre verliefen laut Klaus' Erzählungen unproblematisch – bis Helga zum zweiten Mal läufig wurde. Klaus ging damals mit ihr spazieren, natürlich war Helga an der Leine. In einem Park stürmten zwei freilaufende Retrieverrüden auf Helga zu. Und dann ging alles sehr schnell ... Das Ende der Bescherung: Helga musste mit 16 Bisswunden in die Tierklinik. Vermutlich war sie mit der plötzlichen Partnerauswahl nicht einverstanden und schnappte einen der Rüden gehemmt ab, als dieser nicht von ihrer Anogenitalregion weichen wollte. Darauf gerieten wohl alle drei Hunde in eine ernsthafte Auseinandersetzung. So zumindest schilderte es mir Klaus bei unserem ersten Treffen. Fakt zumindest war: Helga hatte ordentliche Verletzungen davongetragen – und war genauso wie ihr Herrchen völlig traumatisiert. Klaus traute sich die restliche Läufigkeit über so gut wie gar nicht mehr aus dem Garten. Und als er danach wieder mit den Spaziergängen startete, war er extrem unruhig. Helga fand fortan alle großen braunen Rüden mehr als gefährlich und zog wie wild in eine andere Richtung. Sie litt offensichtlich unter der Situation – genauso wie Klaus, der seiner Hündin nicht mehr die Sicherheit vermitteln konnte, die sie so dringend benötigt hätte. Stattdessen »steckten« sich beide mit ihrer Furcht und Unsicherheit »an« und potenzierten diese dadurch immer mehr.

Das Problem: traumatisierter Hund und traumatisierter Mensch

Zunächst vereinbarte ich mit Klaus, die Erlebnisse zu überschreiben, sprich neue positive, schöne und entspannte Erlebnisse zu schaffen, die die negativen mehr und mehr in den Hintergrund rücken lassen sollten. Er bekam dafür einen Schlüssel zu meinem Trainingsgelände, auf das ihm kein fremder Hund »reinlaufen« konnte. Dort durfte er jeden Tag die frühen Morgenstunden alleine mit Helga für Freilauf, Spiel und andere Aktivitäten nutzen, die ihnen Spaß machten. Die beiden hatten es wahrlich bitter nötig, wieder gemeinsam Entspannung und Freude außerhalb des eigenen Zuhauses und Gartens zu erleben.

Nach und nach begannen wir damit, immer wieder mal Hunde am Zaun vorbeizuführen und so Helgas weiterhin doch recht große Individualdistanz zu anderen Hunden schrittweise abzubauen. Parallel dazu baute Klaus »Kuckuck« (siehe Seite 136 f) und die »Sichere Hand« (Seite 134 f.) auf, um für sich und Helga einen weiteren Anker für mögliche zukünftige Stresssituationen zu trainieren.

Schlechte Erfahrungen mit Artgenossen können auch bisher souveräne Hunde nachhaltig verängstigen.

Verstehen Sie mich bitte richtig: Mir ist klar, dass Helga nichts »falsch« gemacht hat. Hier half es in erster Linie Klaus, zusätzliche sichere Verhalten zu trainieren, um sich selbst draußen Sicherheit zu geben und diese auch zu fühlen – und zu vermitteln. Dafür brauchte er »Handwerkszeug«, wie ich es nenne: konkrete Handlungsmöglichkeiten, um aus der »Schockstarre« herauszufinden.

Was mich sehr freute, war, dass Klaus offen war für Atemübungen, bevor die beiden das Haus verließen. Unsere Hunde bilden mit uns eine emotionale Einheit – etwas, was wir uns eigentlich immer wünschen. Manchmal müssen wir jedoch wieder lernen, sie zu steuern und ins Positive umzulenken. Eben dazu habe ich mit kleinen Atemübungen sehr gute Erfahrungen gemacht. Keine Sorge: Sie müssen dafür keinen Wochenendworkshop absolvieren. Probieren Sie es einfach mal mit der Übung auf Seite 142. Und manchmal reicht es sogar schon, bewusst auszuatmen und kurz die Spannung aus dem Gesicht und den Schultern zu lassen. Sie müssen also nicht meditierend durch die Straßen laufen.

Nach zwei Monaten konnten Klaus und Helga entspannt mit in den Social Walk (ein geführter Leinen-Lernspaziergang) eingeführt werden und nach weiteren etwa vier Monaten liefen beide wieder entspannt durch ihren Lieblingspark. Heilung braucht Zeit – für beide Seiten.

VIELE GEMEINSAME JAHRE GENIESSEN

Ein Hundeleben ist vergleichsweise kurz und der gemeinsame Weg immer etwas Besonderes. Gestalten Sie ihn gut!

Unsicheres und/oder aggressives Verhalten beginnt selten über Nacht, sondern hat (fast immer) eine Geschichte und eine Entwicklung. Deshalb möchte ich an dieser Stelle kurz eintauchen in die Entwicklung Ihres Hundes. Sie teilhaben lassen an verschiedenen wichtigen Lebensphasen. Und Sie mitnehmen auf den Weg, der ihn zu einem sicheren und souveränen Begleiter werden lässt. Damit es Ihnen anders ergeht als mir mit Helmut und Sie sich von Anfang an voller Freude gemeinsam durch den Alltag bewegen.

SENSIBLE UND JUVENILE PHASE

Wenn ein Hund aus einer liebevollen Familie stammt, von einem seriösen Züchter großgezogen oder vom Tierschutz in eine verantwortungsvolle Pflegestelle vermittelt wurde, durfte er schon als Welpe die Welt entdecken.
Etwa ab der vierten Lebenswoche machen sich Hunde mit ihrer Umwelt vertraut und werden dann im Idealfall auch schrittweise an Menschen und verschiedene Umweltreize herangeführt. Fehlen diese wichtigen frühen Erfahrungen, ist es schwer, manchmal leider sogar unmöglich, das Verpasste später nachzuholen. Man weiß mittlerweile zum Beispiel ziemlich genau, dass bereits mit zwölf Wochen der Zeitpunkt für die Sozialisation verpasst ist, wenn bis dahin keine gute und ausreichende Gewöhnung an den Menschen stattfand. Bitte kriegen Sie jetzt aber keine Schnappatmung: Ihr Hund kann ein Leben lang lernen. Es dauert nur etwas länger. Denn Hunde werden, um den renommierten Biologen und Leiter des anthrozoologischen Instituts der Universität Bristol/England, John Bradshaw, zu zitieren »nicht menschenfreundlich geboren«. Sie müssen es lernen, Menschen zu mögen. Wohlgemerkt: Diese kurze Phase beinhaltet lediglich die Prägung zum Menschen. Untersuchungen haben gezeigt, dass Hunde sich auch jenseits eines

Alters von 16 Wochen durchaus noch rasch an das Zusammenspiel mit anderen Hunden gewöhnen und noch von ihnen lernen. Hier kann ein sicherer, gut kommunizierender älterer Hund eine echte Lernbereicherung sein.

Nach der ersten sensiblen Zeit beginnt nach ca. zwölf Wochen die sogenannte juvenile Phase. Jetzt entwickelt sich das Gehirn und das spiegelt sich auch im deutlich mutigeren Explorationsverhalten wider. Der Hund lernt jetzt, mit verschiedensten Reizen umzugehen und welche Strategien ihm dabei helfen. Er füllt sozusagen seine »Werkzeugkiste« für den Alltag.

Ich stelle mir das Hundegehirn gerne wie ein Schuhregal vor. Am Anfang stehen darin nur wenige befüllte Schuhschachteln: die »Schlafenschachtel«, die »Hungerschachtel«, die »Durstschachtel«. Dann kommt die »Bewegungsschachtel« dazu, die »Ich-habe-Zähne-zum-Kauen-Schachtel«, die »Kauen-macht-Spaß-Schachtel«, die »Ich-springe-gerne-Schachtel«, irgendwann die »Ich-heiße-Schachtel« …

Bei Fehlverknüpfungen steht dann aber vielleicht plötzlich auch die »Ich-habe-Angst-vor-Schachtel« im Regal – je nachdem, was ein Hund in dieser wichtigen Entwicklungsphase eben alles so erlebt. Die wenigen Wochen bis zur 16. sind entscheidend für seine Charakterbildung.

Es rappelt im Karton …

Im Laufe des Hundelebens gerät immer wieder mal der ein oder andere Karton ins Wackeln, manchmal fällt sogar einer aus dem Regal und muss wieder neu einsortiert werden. Dies muss nicht zwangsläufig dramatisch ausfallen, manchmal wird zum Beispiel schlicht hinterfragt, ob »Sitz« noch »sitzen bleiben« bedeutet oder vielleicht doch nur »Ich tippe mit dem Hintern kurz den Boden an und stehe direkt wieder auf«. Achten Sie bitte darauf, das Regal rücksichtsvoll und mit guten »Schuhen« zu befüllen.

Die juvenile Phase bedeutet nicht nur mehr Freiraum, das bereits Erlernte zu hinterfragen, sondern auch den Eintritt in die Geschlechtsreife. Man bezeichnet sie daher im Allgemeinen als Pubertät – auch was das betrifft, sind uns unsere Vierbeiner nicht so unähnlich. Allerdings weise ich immer darauf hin, dass bis zu drei Pubertäten verstreichen, ehe ein Hund »richtig« erwachsen ist. Da die meisten Prüfungen (Hundeführerschein, Begleithundeprüfung oder Wesenstest) in der Regel bereits ab dem 15. Lebensmonat möglich sind, bitte ich meine Klienten immer, darauf zu achten, dass ihr Hund wirklich schon so weit ist. Anderenfalls überfordern Sie ihn womöglich und das führt dann zu Lernhemmungen und ist noch dazu ziemlich demotivierend. Schauen Sie also bitte individuell, wie weit Ihr Hund schon ist, und gönnen Sie sich bei Bedarf einfach noch mehr Zeit, um besser zusammenzuwachsen – und Ihrem Hund die Zeit, erwachsen zu werden.

Hunde kommen genauso in die Pubertät wie wir Menschen – und scheinen dann plötzlich alles infrage zu stellen.

Alles auf Anfang?

Die erste Pubertät beginnt zwischen dem siebten und neunten Lebensmonat und dauert zwischen vier und sechs Wochen. Während dieser Zeit höre ich häufig das erste Mal die Worte: »Er/Sie wird gerade so stur.« Aber halt! Sturheit ist keine Eigenschaft, die auf Hunde zutrifft. Verantwortlich ist hier vielmehr unser Schuhregal. Bis jetzt wurden einfach nur immer mehr neue Schachteln aufgenommen und ordnungsgemäß einsortiert. Jetzt, in der ersten Pubertät, wird das Regal erst mal umgeworfen: Alle Schachteln purzeln heraus und die Schuhe liegen einzeln verstreut herum. In den kommenden Wochen muss jeder von ihnen »in die Hand genommen und begutachtet« werden, das passende Pendant muss gesucht und schließlich auch noch die Schachtel gefunden werden, in die die beiden Schuhe gehören – bis schließlich alles wieder am richtigen Platz im Regal steht. Dann ist die erste Pubertät vorbei. Seien Sie bis dahin etwas nachsichtig.

Nachsicht bedeutet hier allerdings nicht, das Training in dieser Phase einfach sausen zu lassen, ganz im Gegenteil! Bleiben Sie aber bitte unbedingt positiv und höflich. Wenn Sie mit zu viel Druck oder gar Härte arbeiten, ist es sehr wahrscheinlich, dass der ursprüngliche Platz im Regal entweder nicht mehr besetzt oder mit einer »Angstschachtel« beziehungsweise einer »Aggressionsverhaltenschachtel« belegt wird. Bleiben Sie also immer ruhig, geduldig und lächeln Sie. Ihr Hund probiert sich nicht aus und er stellt Sie auch nicht infrage. Er muss lediglich seinen Schuhschrank wieder aufräumen. Erfahrungsgemäß kommt danach alles, was er bis dahin gelernt hat, wie von Zauberhand wieder.

Zwischen dem 9. und 15. Lebensmonat machen die meisten Hundehalter das erste Mal eine längere Trainingspause, weil dann alles, wie sie gerne sagen, gut läuft. Ich kann Ihnen nur raten: Bleiben Sie trotzdem dran, die zweite Pubertät kommt. Garantiert! Die gute Nachricht: Sie dauert meist nur drei Wochen und ist damit deutlich kürzer als die erste. Aber dennoch werden mit etwa 16 bis 18 Monaten die Regalböden mal wieder gründlich umgeräumt und ausgemistet. Wie beim ersten Mal dient diese Phase dem Hundegehirn dazu, bereits gelerntes zu festigen beziehungsweise zu hinterfragen. Häufig zieht jetzt noch einmal das Monster unters Bett und es spukt aus der Mülltonne auf der Straße oder im Hundekörbchen und der Hund fürchtet sich plötzlich wieder vor Dingen, von denen Sie dachten, er hätte sich schon längst damit angefreundet.

Ebenfalls um diesen Dreh, also etwa mit eineinhalb Jahren, kommt es unter gleichgeschlechtlichen Hunden zu ersten ernsthafteren Auseinandersetzungen. Umso wichtiger ist, sich nicht einfach blauäugig darauf zu verlassen, dass der Hund nichts tut und bisher doch auch alle Situationen gut gemeistert hat. Das Schuhregal ist noch nicht fertig gebaut. Versetzen Sie sich in die Lage Ihres Hundes: Auf einmal riecht der gute Kumpel aus Welpentagen nicht mehr nach nichts, sondern nach »richtig Hund« oder »richtig Hündin«. Gehen Sie daher möglichen Konflikten frühzeitig aus dem Weg, sobald Sie erste Anzeichen von Anspannung oder Veränderung wahrnehmen, so wie wilderes Herumgeraufe.

Die dritte und letzte Pubertät klopft dann kurz vor dem dritten Geburtstag an. Sie dauert zwar manchmal nur einige Tage, aber das genügt, damit sich so mancher Hundehalter in die Welpenzeit zurückgebeamt fühlt, weil sein Vierbeiner plötzlich herumalbert wie früher und nicht mal mehr einfache Basics wie »Sitz« kann, die er sonst im Effeff beherrscht. Nehmen Sie das bitte mit Humor! Es dauert wirklich nicht lange, bis Ihr Hund wieder ganz der Alte ist.

FÖRDERN, OHNE ZU ÜBERFORDERN

Ich werde von frischgebackenen »Hundeeltern« häufig gefragt, was sie denn schon alles mit ihrem Welpen machen könnten. Und die meisten staunen gehörig, wenn ich dann sage: »Bitte nur so viel wie nötig.« Aber tatsächlich sind überlastete junge Hunde in meiner Praxis leider viel öfter der Fall als unterforderte. Dies führt dann zu einem viel zu hohen Stresslevel. Ich frage meine Kunden hier gerne, ob sie ihr Kind auch mit drei Jahren in die Abiturklausuren schicken würden. Eben! Daher gilt: Machen Sie alles, was Sie üben möchten, in Ruhe und mit Zeit. Die haben Sie. Und Ihr Hund erst recht. Es bleibt schlicht und ergreifend alles viel besser im Hundegehirn haften, wenn Sie Ihrem Vierbeiner ausreichend Ruhe- und Erholungsphasen zuteilwerden lassen.

Also, was kann man denn machen? Da bei Welpen und Junghunden die Gelenke und Knorpel noch nicht ausgehärtet sind, fallen schon mal alle Sportarten und Bewegungen weg, die schnelle Stopps provozieren, so wie zum Beispiel Ballspiele oder Agility. Auch große Sprünge, steile Wände und zu viele Treppenstufen beeinträchtigen langfristig die Gesundheit. Am wichtigsten ist aber immer, dass Ihr Hund lernt, regelmäßig Ruhe zu halten, damit er eine ausreichend große Mütze Schlaf bekommt (siehe Seite 19 ff.). Darüber hinaus gilt: Je aufgeregter der Hund, desto ruhiger die Art der Auslastung. Mein absoluter Favorit ist hier die Nasenarbeit, mit der Sie bereits sehr früh beginnen können. Wussten Sie, dass 20 Minuten gezielte Nasenarbeit für Ihren Hund so anstrengend sind wie zwei Stunden spazieren gehen?

Training: »Nasenarbeit«

Das brauchen Sie: 1 Teelöffel Hundeleberwurst, 1 Liter Wasser, ein Lieblingsspielzeug

1. Verrühren Sie die Leberwurst mit dem Wasser und füllen Sie die Mischung dann in einen Gefrierbeutel und verknoten Sie diesen.
2. Jetzt geht es raus (erst mal ohne Hund; der darf noch kurz zu Hause oder, wenn es die Temperaturen zulassen, im Auto warten). In einer ruhigen Gegend suchen Sie sich einen Startpunkt. Schneiden, reißen oder beißen Sie an einer Ecke ein kleines Loch in den Gefrierbeutel, gerade so groß, dass die Flüssigkeit nur ein wenig heraustropft.
3. Nun gehen Sie in entspanntem Tempo mit dem tropfenden Beutel los. Schauen Sie auf die Uhr: Für Nasenanfänger reichen sieben bis zehn Minuten. Im Laufe der Wochen können Sie dann auf bis zu 20 Minuten steigern. Am Ende Ihrer Fährte legen Sie das Spielzeug als Belohnung ab.
4. Gehen Sie zurück zu Ihrem Hund. Jetzt ist er an der Reihe: Lassen Sie ihn am Startpunkt Ihrer Tropffährte schnuppern. Warten Sie ab, was passiert. Eventuell müssen Sie ihn am Start auch mit einem »Okay« freigeben, damit er weiß, dass er jetzt losmarschieren darf. Und dann lassen Sie ihn »suchen«.
5. Am Zielpunkt angekommen, loben Sie ihn verbal und spielen eine Runde mit seinem Spielzeig mit ihm.

Nasenarbeit ist die beste Beschäftigung – ganz egal, wie alt ein Hund ist.

Hier noch einige andere Ideen für Hunde jeden Alters, die zugleich die Bindung stärken. Denn aus der Sicht Ihres Hundes sind Sie quasi der Großmeister der Nasenarbeit, weil Sie immer wissen, wo das gute Stück versteckt ist.

- **Futtersuche:** Verstecken Sie Leckerlis oder das normale Futter an verschiedenen Stellen im Haus oder im Garten und lassen Sie Ihren Hund danach suchen. Das fördert nicht nur die Nasenarbeit, sondern bietet auch körperliche Aktivität.
- **Duftspielzeug:** Nutzen Sie spezielle Spielzeuge, die mit Leckerlis gefüllt werden oder mit bestimmten Gerüchen präpariert sind. Lassen Sie es Ihren Hund suchen und damit spielen.
- **Spurensuche:** Legen Sie eine Spur mit einem Duftstoff, den Ihr Hund mag, und lassen Sie Ihren Hund dieser Spur folgen. Am Ende findet er dann ein Leckerli oder ein Spielzeug.
- **Versteckte Leckerlis:** Verstecken Sie Leckerlis in Spielzeugen oder anderen Behältnissen, die der Hund »öffnen« muss, um an die Belohnung zu gelangen. Gut dazu geeignet ist zum Beispiel ein leerer Eierkarton.
- **Suchspiel im Gras:** Lassen Sie Ihren Hund nach Leckerlis im Gras suchen – eine tolle Idee für den Spaziergang, auch wenn Ihr Hund gerade sehr aufgeregt ist, um ihn wieder »runterzufahren«.
- **Flaschenspiel:** Füllen Sie eine leere PET-Flasche mit Leckerlis, an die er nun gelangen muss. Durch Stupsen der Flasche wird er feststellen, dass die Kekse nach und nach rauspurzeln.

Sanftes Bewegungstraining

Im Anschluss noch einige gelenkschonende Übungen, die auch junge Hunde schon absolvieren können, weil sie die Muskulatur stärken und die Beweglichkeit fördern, ohne die Gelenke übermäßig zu belasten:

- **Langsames Gehen:** Führen Sie Ihren Hund an der Leine und gehen Sie in einem gemächlichen Tempo. Jede Gassirunde ist eine Bewegungseinheit. Mehr braucht es manchmal gar nicht.
- **Schwimmen:** Stärkt die Muskeln und Gelenke, ohne Druck auf sie auszuüben. Sie werden mit dieser Idee aber nur ankommen, wenn Ihr Hund eine Wasserratte ist.
- **Balancetraining:** Lassen Sie Ihren Hund auf einem Balancierbrett oder einer weichen Unterlage stehen (ich nutze gerne eine zusammengeklappte dicke Yogamatte.). Das fördert die Stabilität und stärkt die Muskulatur um die Gelenke. Locken Sie ihn zu Beginn mit einigen Keksen auf das Brett oder die wackelige Unterlage. Zeigt Ihr Hund noch Unsicherheiten, fixieren Sie das Brett stärker, um es nur ganz leicht wippen zu lassen.

- **Leichte Hürden:** Bauen Sie niedrige Hürden, zum Beispiel aus zwei Bücherstapeln und einem Besenstiel, um die Muskulatur sanft zu aktivieren. Bleiben Sie aber wirklich kurz über dem Boden, um Überanstrengung zu vermeiden. Wenn Sie im Wald unterwegs sind, können Sie auch junge umgefallene Baumstämme als »Trainingsgerät« entfremden. Der Hund soll aber nicht springen, sondern bewusst und langsam seine Pfoten setzen.
- **Sitz-Stand-Übungen:** Lassen Sie Ihren Hund zwischen Sitzen und Stehen abwechseln. Das stärkt die Muskulatur in den Hinterbeinen. (Bei älteren Hunden oder Hunden mit HD bitte entsprechend wenige Wiederholungen.)
- **Flaschenslalom:** Stellen Sie einige leere PET-Flaschen mit etwas Abstand in einer Reihe auf und führen Sie Ihren Hund im Slalom hindurch. Das dehnt die seitliche Rumpfmuskulatur, lockert die (Hals-)Wirbelsäule und fördert die Orientierung. Sie können je nach Alter Ihres Hundes das Tempo entsprechend variieren, um im Laufe der Zeit die Herausforderung zu erhöhen.

Gerade beim Ballspielen ist es wichtig, dass der Hund zwischendurch und danach entspannt, um nicht im Erregungslevel zu verharren – Stichwort »Balljunkie«.

Bindungsarbeit

Um gezielt an der Bindung zu arbeiten, sind natürlich gemeinsame Erlebnisse wichtig. Es ist wie in jeder Beziehung: Nur weil man zusammenwohnt oder miteinander verheiratet ist, heißt das nicht, dass man automatisch eine gute Bindung oder stabile Basis hat. Jede Beziehung, gerade die zu unseren Hunden, erfordert Zeit, Aufmerksamkeit(en), Respekt, Höflichkeit und die Akzeptanz von individuellen Freiräumen und Möglichkeiten. Zum Abschluss daher noch ein paar Tipps für die Bindungsarbeit – Bindung ist die Basis für alles.

☞ **Zeit miteinander verbringen:** Verbringen Sie bewusst Zeit mit Ihrem Hund. Spielen Sie gemeinsam, gehen Sie spazieren und planen Sie gemeinsame Aktivitäten ein. Lassen Sie Ihr Handy zu Hause oder wenigstens in der Tasche.

☞ **Positive Verstärkung:** Belohnen Sie gutes Verhalten mit Lob, Leckerlis oder Spielzeug. Positive Verstärkung stärkt nicht nur die Bindung, sondern fördert auch das gewünschte Verhalten. Denken Sie dran: Das gilt nicht für Mutti- beziehungsweise Vatikekse. Die tun nur uns selbst gut.

☞ **Gemeinsame Trainingseinheiten:** Führen Sie kleine Trainings durch, um Bindung aufzubauen. Dies kann ein einfacher Trick sein oder auch eine anspruchsvollere Übung.

☞ **Körperkontakt:** Viele Hunde mögen Körperkontakt. Streicheln Sie Ihren Hund, kuscheln Sie mit ihm und lassen Sie ihn spüren, dass Sie ihn mögen und schätzen. Natürlich nur, wenn er das möchte, sonst erreichen Sie schnell das Gegenteil. In diesem Fall zeigen Sie Ihrem Hund anders, dass Sie zusammengehören – indem Sie den Individualabstand Ihres Hundes respektieren.

☞ **Gemeinsame Abenteuer:** Unternehmen Sie gemeinsam »spannende« Ausflüge. Das kann ein einfacher Spaziergang im Park sein, eine Wanderung oder einfach mal das gemeinsame Ruhegenießen an einem besonderen Ort.

☞ **Routine und Verlässlichkeit:** Hunde lieben Routinen und Verlässlichkeit. Versuchen Sie, eine feste Routine für Fütterungszeiten, Spaziergänge und Spielzeiten zu etablieren.

☞ **Aufmerksamkeit schenken:** Zeigen Sie Interesse an Ihrem Hund. Beobachten Sie seine Körpersprache, hören Sie auf seine Bedürfnisse und reagieren Sie entsprechend.

»Denken Sie immer daran, für Ihren Hund sind Sie sein Leben.«

☞ **Gemeinsames Lernen:** Arbeiten Sie gemeinsam an neuen Herausforderungen, egal ob neue Tricks, Spiele oder Aktivitäten. Hauptsache, es ist für Hund und Mensch gleichermaßen interessant.

☞ **Geduld und Vertrauen:** Bauen Sie Vertrauen auf, indem Sie geduldig sind und eine positive Umgebung schaffen. Hunde reagieren positiv auf Menschen, die ruhig und einfühlsam sind.

JEDE LEBENSPHASE HAT IHRE HERAUSFORDERUNGEN

Wird der Hund älter, beginnt für uns als Hundehalter ein neuer emotionaler Abschnitt. Ich weiß, kein Hundebesitzer spricht gerne über das Ende des gemeinsamen Weges. Und doch ist es so wichtig, sich darüber Gedanken zu machen. Jeder Hund hat es verdient, so friedlich wie irgendwie möglich seinen Lebensabend zu verbringen. Spaziergänge werden kürzer und langsamer. Womöglich hat der ältere Hund weniger Lust auf Begegnungen mit aufgeregten Artgenossen. Das Körbchen darf vielleicht etwas weicher und wärmer werden und ein Mantel kommt wegen der beginnenden Arthrose schon ein paar Wochen früher im Jahr zum Einsatz als bisher …

Achten Sie bitte, je älter Ihr Hund wird, auf Anzeichen für Schmerzen. Nicht jeder zeigt das auf die gleiche Art und Weise. Einige Hunde leiden sehr lange sehr still. Ich lasse ab dem siebten Lebensjahr deswegen einmal im Jahr ein geriatrisches Blutbild und bei spezialisierten Tierärzten eine ausführliche Ganganalyse machen, um Arthrose, verschiedene Formen der möglichen Verknöcherung oder Dysplasien frühzeitig zu erkennen und beispielsweise mit Physiotherapie gegenzusteuern. Eine regelmäßige Zahnkontrolle sollte selbstverständlich sein, um mögliche Zahnschmerzen, Zahnabbrüche oder -spaltungen mit entsprechender Prophylaxe zu beheben. Bei Bedarf wird Physiotherapie in den Monatsablauf integriert. Dies sind natürlich alles Dinge, die häufig viel Geld kosten. Hier kann eine rechtzeitig abgeschlossene entsprechende Krankenversicherung sinnvoll sein. Meine hat sich jedenfalls ausgezahlt. Und in meinem speziellen Fall nehme ich meinen Hund dann auch früher »aus der Arbeit« und setze ihn nicht mehr oder nur noch ganz ausgewählt im Training ein. Hier hat jeder Hund ein individuelles Rentenalter.

Zeit des Abschieds

Die größte Verantwortung liegt dann wohl in der Zeit des Abschiednehmens. Unsere Hunde waren uns ihr Leben lang treue und soziale Weggefährten. Sie haben uns ihr Leben geschenkt. Bei meinem letzten Hund, Herrn Schmidt, wurde eines Tages weißer Blutkrebs diagnostiziert, der sich rasend schnell ausbreitete. Die Beweglichkeit nahm rapide ab, er verlor in wenigen Wochen massiv Gewicht. Ich hatte in Absprache mit meiner Tierärztin seine Medikation angepasst und mit ihr abgesprochen, wie ich sie auch nachts erreiche, wenn ich merke, es sei Zeit, ihn gehen zu lassen.

Es war um Weihnachten herum. Schmidt, Helmut und ich hatten gerade noch den Heiligabend gemeinsam verbracht, da verweigerte er am ersten Feiertag jede Art von Fressen. Seine Schmerzmittel wurden erhöht, aber ich konnte ihn nicht mal mehr mit Würstchen dazu bewegen, irgendetwas ins Maul zu nehmen. Zum Gassigehen musste ich ihn bitten und quasi auf den Rasen tragen. In der Nacht zum zweiten Feiertag zog er sich in einen anderen Raum zurück. Er bekam aufgrund der geschwollenen Lymphknoten am Hals kaum noch Luft. Also rief ich nachts um 4.30 Uhr meine Tierärztin an und sie kam zu mir nach Hause. Wir nahmen uns Zeit. Jede Minute, die man noch gemeinsam hat, ist zu wenig. Dennoch sind wir es unseren Hunden schuldig, diesen Schmerz bei uns zuzulassen und ihnen den bestmöglichen Weg zu bereiten. Um 8.30 Uhr schlief Schmidt in meinen Armen und bei mir zu Hause ein. So hatte auch Helmut Gelegenheit, sich von seinem Weggefährten zu verabschieden.

Als Schmidti damals ins andere Zimmer wechselte, war Helmut einmal hinterhergegangen, dann aber im Abstand von etwa einem Meter vor seinem Körbchen stehen geblieben. Von dort hat er ausgiebig mit zitternder Nase geschnuppert und ist dann wieder gegangen. Er kam erst wieder, als Schmidti eingeschlafen war. Während ich das schreibe, kriege ich heute noch Gänsehaut und die Schrift verschwimmt vor meinen Augen. Helmut schnupperte Schmidtis Körper ab, ich kniete noch daneben. Er schaute mich an und legte sich dann neben mich. Diese tiefe Verbundenheit und diese Empathie sind mit nichts auf der Welt zu ersetzen, geschweige denn lassen sie sich bisher wirklich wissenschaftlich erklären.

»Machen Sie sich für Ihren Hund bitte frühzeitig Gedanken. Er hat es verdient.«

Da Schmidti und ich viele Urlaube miteinander verbracht hatten, entschloss ich mich spontan, in meine Lieblingsregion zu fahren. Ich druckte Fotos von verschiedenen Urlauben und Orten aus, die wir gemeinsam erkundet und besucht hatten und gönnte mir und Helmut eine Abschiedsreise. Wir besuchten insgesamt über 30 Orte, an denen Schmidti und ich gemeinsam waren. An jedem Ort hinterließ ich ein Foto von ihm. Ich wollte mir Zeit nehmen. Zeit, diesem tollen Hund und Weggefährten auch mental seine letzte Reise zu ermöglichen. Schmidtis Asche wurde an einem seiner Lieblingsorte verstreut und bis heute, Jahre später, läuft Helmut zu diesem einen Punkt, wenn wir dort sind.

Auch Helmut hat damals getrauert, wenn man es so nennen will. Schließlich war auch sein Sozialpartner verstorben. Er klebte mehr an mir, zeigte kleine Tendenzen von Trennungsstress und hatte ein starkes Anlehnungsbedürfnis. Gleichzeitig zeigt er seitdem aber auch deutlich, dass er keinen neuen Hund an seiner Seite möchte. Auch das ist etwas, was ich akzeptieren muss. Helmut ist mittlerweile selbst »in Rente«. Und ja, ich bräuchte einen neuen Hund, den ich in meinen Trainings einsetzen kann. Aber wer wäre ich, wenn ich die Wünsche meines derzeitigen Hundes nicht emotional berücksichtige?

KONZENTRIEREN SIE SICH AUF DAS GUTE!

Bevor wir ans Ende dieses Buches kommen, will ich noch einmal kurz innehalten und zeigen, wie sehr unser eigenes Verhalten dasjenige unserer Hunde bestimmt. Nichts beeinflusst ihre emotionale Ebene so stark wie unsere Gedankenwelt und unsere eigenen Gefühle. Wenn wir diese in den Griff kriegen, wenn wir selbst zuversichtlich und mutig sind, bereiten wir auch unseren vierbeinigen Begleitern den Weg in ein glückliches Hundeleben. Wenn wir uns selbst Zeit lassen, unseren Hund kennenzulernen, seine Mimik zu verstehen, seine Bedürfnisse wahrzunehmen und sie dann in die für uns nötigen Bahnen zu lenken, dann haben wir etwas erreicht. Dann erleben wir echte Bindung und eine Beziehung auf einem ganz neuen Level. Stehen Sie zu Ihren Gefühlen und gestehen Sie auch Ihrem Hund welche zu. Sprechen Sie für sich aus, was Sie ängstigt, und lassen Sie Ihrem Hund ebenfalls diese Möglichkeit. Wenn Sie sich bewusst machen, was alles in Ihnen vorgeht, dann ermöglichen Sie Ihrem Hund, Sie an der ein oder anderen Stelle ebenso abzuholen, wie Sie ihn abholen. Lächeln Sie! Ihr Hund lächelt zurück.

LASSEN SIE DEN ELEFANTEN IN RUHE

Kennen Sie den Satz: »Und bitte denken Sie nicht an den pinkfarbenen Elefanten im Raum«? Klingt seltsam, aber diese Übung aus Kommunikations- oder Vertriebsseminaren hat durchaus ihren Sinn. Sagen wir Sätze, die ein »Nicht«, ein »Nein« oder »Keine« enthalten, speichert unser Gehirn genau das gegenteilige Bild ab – ganz einfach, weil unser Gehirn kein »Nicht«, kein »Nein«, kein »Keine« kennt. Und genauso ist es bei unseren Hunden. Sie verstehen diese Worte einfach nicht. Gute Trainer oder Coaches – solche für Hunde und solche für Menschen – versuchen daher, jeden Schritt ohne Verneinung zu formulieren. Damit ermöglichen sie unserem Gehirn viel schneller Lernfortschritte.

Lassen Sie mich an dieser Stelle kurz ausholen: Der Verhaltensbiologe Ludwig Huber von der Universität Wien ist der Frage nach den Emotionen und der Empathie unserer Hunde nachgegangen. Dafür wurden ihnen negative, positive und neutrale Lautäußerungen vorgespielt und man zeichnete auf, wie sie darauf reagierten.

Es zeigte sich, dass Hunde viel stärker auf Lachen und Spielbellen sowie Schimpfen und Knurren reagierten als auf neutrale Geräusche. Huber schloss daraus, dass Hunde sich »emotional anstecken« lassen. Die Universität Budapest untermauerte diese These mit einer Studie, in der bei speziell darauf trainierten Hunden im MRT diejenigen Gehirnregionen untersucht wurden, die die neuronalen Aktivitäten aufzeichnen. Daraus leitete man die Vermutung ab, dass Hunde durchaus in der Lage zu sein scheinen, Geräusche wie Lachen, Weinen, Schimpfen und Erschrecken den entsprechenden Emotionen zuzuordnen.

Hierzu gehört auch die Mimik: Die Verhaltensforscherin Elisabetta Palagi hat Hunde beim Spielen beobachtet, um das sogenannte Rapid Mimikri zu untersuchen, also die Fähigkeit, aus der unglaublich schnellen Wahrnehmung und Spiegelung der Gesichtsmimik des Gegenübers eine Art der Empathie zu entwickeln. Ihr Ergebnis: Wie oft sich Hunde gegenseitig nachahmen, hängt stark davon ab, wie vertraut sie miteinander sind. Und: Wenn sie Mimik und Gestik schneller nachahmen, spielen sie länger miteinander.

Das nur nebenbei, um Ihnen vor Augen zu führen, dass alles, was ich in diesem Buch schreibe, nicht nur meiner persönlichen Erfahrung entspricht, sondern auch eine wissenschaftliche Grundlage hat.

Seinen Hund fordern, dabei aber immer auch unterstützen: So schafft man eine Beziehung auf Augenhöhe.

Angst entsteht vor allem im Kopf. Das hat den Vorteil, dass wir lernen können, sie abzulegen oder sie in den Hintergrund zu schieben. Ein Beispiel: Wenn Sie Angst vor großen schwarzen Hunden haben und genau so einen sehen, wird Ihr Nacken fast automatisch etwas steifer. Und wenn ich Sie fragen würde, was mit Ihren Gesichtsmuskeln passiert, wenn Sie an einen solchen Hund denken, würden Sie vermutlich wie die meisten antworten: »Ich merke, dass sich die Muskeln direkt hinter den Ohren am Kopf zusammenziehen. Dass ich meine Zähne etwas fester zusammenbeiße und dadurch meine Wangen- und Kiefermuskeln enger werden. Dass sich der äußere Teil meiner Stirn nach hinten zieht und sich meine Augen gleichzeitig minimal weiten.«
All diese Feinheiten wahrzunehmen, erfordert von Ihnen vermutlich höchste Konzentration. Unsere Hunde dagegen erfassen das in Millisekunden und setzen es »empathisch« um. Wenn Sie vor etwas Angst haben und das automatisch auch über Ihr Gesicht und Ihren Körper kommunizieren, liest Ihr Hund Sie und spiegelt Sie wider – und reagiert ebenfalls entsprechend sensitiv auf die angstauslösenden Reize.
Was es bringt, das zu wissen? Nun, Sie können den schwarzen Hund nicht einfach wegbeamen, wenn er auf Sie zukommt. Er ist dann da, das ist eine unveränderliche Tatsache. Was Sie aber verändern können, ist Ihre Haltung zu ihm. Und damit verändern Sie auch Ihren Hund.

Hunde verstehen mehr als Worte

Es gab sicher schon etliche Situationen, in denen Ihr Hund jedes Wort zu verstehen schien. Aber versuchen Sie mal Folgendes und Sie werden sehen, dass Ihr Hund viel mehr versteht.

☞ Suchen Sie sich zu Hause einen Gegenstand, zum Beispiel eine Vase, ein einzelnes Buch oder ein Spielzeug – was halt gerade so herumsteht oder -liegt. Machen Sie Ihren Hund möglichst freudig mit seinem Namen auf sich aufmerksam. Anschließend lassen Sie nur Ihren Blick immer wieder zwischen dem Hund und dem gewählten Gegenstand hin und her wandern (ohne Worte). In nahezu allen Fällen wird Ihr Hund alleine durch Ihre freudige Art und den Blick hin zum Gegenstand sich diesem nähern oder seinen Blick ebenfalls immer wieder dorthin richten.

Diese kleine Erkenntnis sollten Sie unbedingt mit nach draußen nehmen. Alles, was Sie fühlen, drücken Sie auch aus. Und das müssen Sie nicht mit Worten tun. Ihre Mimik und Ihre Muskelan- beziehungsweise -entspannung reichen dazu völlig aus. Noch ein Beweis gefällig? Wenn ich mit meinen Klienten an der Leinenführigkeit arbeite, gibt es häufig drei kleine Dinge, die ich sofort umstelle – und die fast immer ungläubige Gesichter verursachen, weil das Ergebnis einfach so unvorstellbar sensationell ist. Probieren Sie es selbst einmal:

- ☞ Bevor Sie loslaufen, fassen Sie an den höchsten Punkt Ihres Kopfes, Scheitelpunkt oder Krone genannt, und richten Sie sich gerade auf, so als würden Sie sich an einem seidenen Faden ein Stück weit nach oben ziehen und Ihrer Wirbelsäule noch mal zwei Zentimeter Extralänge gönnen.
- ☞ Anschließend legen Sie die Hand auf Ihr Brustbein und ziehen auch dieses einmal gerade nach oben.
- ☞ Dann lächeln Sie Ihren Hund an, richten den Blick nach vorne und laufen los. Auch die nächsten Schritte schauen Sie weiter erhobenen Hauptes geradeaus.

Ich verspreche Ihnen: Nahezu alle Hunde schauen da zum ersten Mal nach Ihrem Besitzer und laufen freudig mit.

Wir trauen unseren Hunden viel zu wenig zu, was ihre Fähigkeiten angeht, uns wahrzunehmen, zu interpretieren und zu lesen. Dabei sollten wir uns genau das viel mehr zunutze machen.

Bleiben wir aber erst mal bei unserem fiktiven Schreckgespenst, dem schwarzen Hund. Wenn Sie ihm das nächste Mal beim Gassigehen begegnen, lächeln Sie sofort, schauen von ihm weg und suchen sich irgendwo anders einen Fixpunkt. Sprechen Sie Ihren Hund freundlich an und leiten Sie einen kleinen Bogen ein. Manchen meiner Klienten hilft es auch, in solchen Situationen leise vor sich hin zu summen oder zu pfeifen, um den Atem zu regulieren.

Wenn die Angst stärker wird, denken Sie an Ihr Frühstück oder Ihre letzte Mahlzeit und »erzählen« Sie Ihrem Hund in Gedanken davon. Signalisieren Sie Ihrer Angst bewusst: »Ich weiß, dass du da bist, aber ich brauche dich gerade nicht.« Und denken Sie dann sofort an etwas Schönes, vielleicht an einen pinkfarbenen Elefanten? Denn Ihr Hund wird spiegeln, dass Sie noch nicht wieder 100 Prozent runtergefahren sind, und selbst angespannt bleiben. Sie erleichtern es Ihrem Hund also, wenn Sie versuchen, souverän zu bleiben. Je häufiger er dies erfährt, desto leichter wird es ihm fallen, sich selbst zu entspannen.

DEM LEBEN ENTGEGENLACHEN

Ich habe es eingangs schon gesagt: Wir benutzen in Bezug auf unsere Hunde (und leider auch in vielen anderen alltäglichen Bereichen) viel zu häufig das Wort »nicht« oder andere Verneinungen. Dabei führen sie uns viel zu selten ans Ziel.

Versuchen Sie doch mal, Ihre Ziele positiv zu formulieren. Bleiben wir dazu einfach wieder bei unserem schwarzen Hund. Ihr Gehirn sagt: »Da ist er!« Bisher haben Sie darauf geantwortet: »Ich muss keine Angst haben« – was Ihr Gehirn prompt übersetzte in: »Ich muss Angst haben.« Von nun an sagen Sie: »Großartig, ich darf trainieren. Da hinten ist ein schöner Baum, auf den freue ich mich.« Und dann nehmen Sie diesen Baum ins Visier und schlendern in einem lockeren Bogen darauf zu.

Ja, Ihre Angst wird am Anfang vermutlich immer wieder nachfragen, wie laut sie denn noch werden soll, damit Sie wie gewohnt reagieren. Aber lassen Sie sich davon nicht einschüchtern. Machen Sie es getreu einem bekannten Zeichentrickfilm mit einem Löwen in der Hauptrolle und entgegnen Sie ihr: »Ha, Angst? Ich lach dir ins Gesicht, Angst!« Lachen Sie überhaupt mehr. Mit Ihrer Umwelt. Mit Ihrem Hund. Mit sich. Meine Großmutter hat immer gerne gesagt: »Weißt du, bis 30 kannst du nichts für dein Gesicht, danach schon.« Zugegebenermaßen war das lange vor Botox und Hyaluronsäure, nichtsdestotrotz hat dieser Satz für mich bis heute nichts an Gültigkeit verloren.

Gleiches gilt übrigens für Hektik. Ich kann es nur noch mal wiederholen: Geduld ist wahrlich nicht meine angeborene Stärke. Ich musste sie erst lernen. Aber es stimmt: Ich habe mich bewusst damit auseinandergesetzt und durfte erfahren, dass ich viel schneller vorankomme, wenn ich an der ein oder anderen Stelle Hektik und Ungeduld einfach abstreife.

Eine wirksame Übung für unser Gehirn ist dabei, sich vor einem Spiegel stehend lächelnd laut Dinge vorzusagen, etwa: »Ich habe heute Zeit für alles, was ich mir vornehme.« Oder: »Ich habe verdient, dass es mir gut geht.« Vielleicht kennen Sie diese Methode aus dem ein oder anderen Seminar. Ich finde, sie ist ebenso einfach wie wirkungsvoll und eine gute Unterstützung für mehr Gelassenheit und mehr Freude im Alltag.

Auch hier gilt: Bejahen Sie den pinkfarbenen Elefanten. Er ist eh schon im Raum. Begrüßen Sie mit ihm also kurz Ihre Schwächen oder Ihre emotionale Verfassung an diesem Morgen und dann begrüßen Sie Ihre Einzigartigkeit. Begrüßen Sie genauso auch Ihren Hund. Und begrüßen Sie in Gedanken darüber hinaus alles, wovor Sie sich draußen ängstigen oder was Sie üblicherweise stresst.

Eine meiner persönlichen Riesenherausforderungen war das ständige Verkehrschaos und die ewigen Staus und Blechlawinen hier in Berlin. Ich habe mich, sobald ich im Auto saß, immer ganz schnell aufgeregt und war im Nu gestresst und auf 100. Bis ich mit einer einzigen simplen Erkenntnis etwas verändert habe: »Was ich nicht kontrollieren kann, kann ich nicht kontrollieren.« Das wirkte Wunder! Seitdem werde ich nicht müde, in meiner täglichen Arbeit zu betonen: Sie können Ihre Trainingsumgebung zwischendurch kontrollieren, Sie können den Tagesablauf meist kontrollieren. Ihre Umgebung allerdings liegt außerhalb dieses Bereichs. Blenden Sie sie aus.

Ich hatte auf Seite 120 angeregt, sich ein kleines Herz auf die Hand zu malen und immer wieder mal daraufzuschauen. Das ist Ihr Haltepunkt. Ihr Hund wird es Ihnen danken – und Ihnen folgen. Sie sind sein Vorbild, sein Halt, sein Leben, an dem er sich orientiert. Vergessen Sie das nie.

Ein eingeschworenes Team: Wovon wohl alle Hundehalter träumen, kann Wirklichkeit werden, wenn man sich mit Kopf und Herz aufeinander einlässt.

REGISTER

Trainingseinheiten

BÜCHER UND ADRESSEN, DIE WEITERHELFEN

Bücher

Arnold, Jennifer: **Love is all you need.** Spiegel & Grau, New York

Bendel, J.: **Das Geheimnis der Spiegelung.** Gräfe und Unzer Verlag, München

Bradshaw, John: **Hundeverstand.** Kynos, Nerdlen

Feddersen-Petersen, Dorit: **Ausdrucksverhalten vom Hund.** Kosmos, Stuttgart

Gansloßer, Ude/Kitchenham, Kate: **Hunde-Forschung aktuell.** Kosmos, Stuttgart

Kufner, Ursula: **Wohin mit meinem Hund?** Gräfe und Unzer Verlag, München

McConnell, Patricia B.: **Das andere Ende der Leine.** Kynos, Nerdlen

O'Heare, James: **Das Aggressionsverhalten des Hundes – ein Arbeitsbuch.** Animal Learn, Bernau

Samin, Masih: **Sei höflich zu deinem Hund.** Gräfe und Unzer, München

Samin, Masih: **Stadt-Wölfe.** Gräfe und Unzer Verlag, München

Schillack, Alexander/Spahr, Johanna: **Hunde erziehen ohne Schimpfen.** Gräfe und Unzer Verlag, München

Wischall-Wagner, Alexandra: **Entspannter Mensch, entspannter Hund.** Gräfe und Unzer Verlag, München

Adressen

Kontakt der Autorin:
Stadthundetraining
Katharina Marioth-Lange
Hauptstraße 14
13591 Berlin
info@stadthundetraining.de

Berufsverband der Hundeerzieher/innen und Verhaltensberater/innen e. V.
Alt Langenhain 22
65719 Hofheim
www.hundeschulen.de

Internationaler Berufsverband der Hundetrainer:innen und Hundeunternehmer:innen (IBH) e. V.
Ernst-Gremler-Straße 17
58239 Schwerte
www.ibh-hundeschulen.org

Verband für das Deutsche Hundewesen (VDH) e. V.
Westfalendamm 174
44141 Dortmund
www.vdh.de

Österreichischer Kynologenverband
Siegfried-Marcus-Straße 7
A-2362 Biedermannsdorf
www.oekv.at

Schweizerische Kynologische Gesellschaft
Sagmattstrasse 2
Postfach
CH-4710 Balsthal
www.skg.ch

Deutscher Tierschutzbund e. V.
In der Raste 10
53129 Bonn
www.tierschutzbund.de

Österreichischer Tierschutzverein
Berlagasse 36
A-1210 Wien
www.tierschutzverein.at

Schweizer Tierschutz (STS)
Dornacher Strasse 101
CH-4008 Basel
www.tierschutz.com

Urlaubsberatungsservice des Deutschen Tierschutzbundes
Tel. 0228/6049627
Mo–Do 10–18 Uhr; Fr 10–16 Uhr

Haftpflichtversicherung

Fast alle Versicherungen bieten Haftpflichtversicherungen für Hunde an. Informationen erhalten Sie bei Ihrer Versicherung.

Registrierung von Hunden

TASSO e. V.,
Abt. Haustierzentralregister
Otto-Volger-Straße 15
65843 Sulzbach/Taunus
www.tasso.net

Internationale Zentrale Tierregistrierung (IFTA)
Nördliche Ringstraße 10
91126 Schwabach
www.tierregistrierung.de

Internetadressen

www.dhv-hundesport.de
Fachverband für Sport mit dem Hund

www.haushueter.org
Urlaubsbetreuung

www.hunde.com
Alles über Hunde, Diskussionsforum

www.hunderassen.de
Dogfinder: Hunderassen in Kurzportraits

www.hundewelt.at
Alles Wissenswerte über Rassehunde, mit Adressen

www.institut-forschung-listenhunde.de
Der Verein leistet in Zusammenarbeit mit Wissenschaftlern wichtige Aufklärungsarbeit, um deutschlandweit eine einheitliche Hundeverordnung zu erwirken und den Fokus weg von den Listenhunden oder gelisteten Hunderassen hin zu dem Hund-Halter-Team an sich zu lenken. Er bemüht sich zudem um die Vermittlung von Listenhunden.

www.odorologie.de
Die ARGE Odorologie fördert Wissenschaft und Forschung auf dem Gebiet des geruchsdifferenzierenden Mensch-Hund-Teams zur Rettung aus Lebensgefahr, zur Bekämpfung von Terrorismus und zur Kriminalprävention.

www.oegv.at
Österreichischer Gebrauchshundesport-Verband

www.spass-mit-hund.de
Mit vielen Ideen rund um das Spiel mit Hunden

www.tierschutz-berlin.de
Hier erfahren Sie mehr über die Arbeit des Tierschutzvereins für Berlin (TVB) und natürlich über die Tiere, die ein Zuhause suchen.

Zeitschriften

Der Hund.
FORUM Zeitschriften und Spezialmedien GmbH, Merching
www.derhund.de

Dogs.
Verlagshaus GeraNova Bruckmann, München
www.dogs-magazin.de

HundeWelt.
Minerva Verlag, Mönchengladbach
www.hunde-welt.de

Partner Hund.
Ein Herz für Tiere Media GmbH, München
www.partner-hund.de

DIE AUTORIN

Katharina Marioth wuchs mit Hunden auf und hat sich den Vierbeinern mit Herz und Verstand verschrieben. Sie ist IHK-zertifizierte und behördlich anerkannte Hundeverhaltensberaterin und Wesensgutachterin für gefährliche Hunde des Landes Berlin. Sie ist Gründerin der Hundeschule »Stadthundetraining« und des erfolgreichen Trainingskonzeptes KEML, in dem sie auch zukünftige Trainerinnen und Trainer ausbildet. In ihrem Berufsalltag arbeitet sie eng mit Veterinären und interdisziplinären Spezialisten zum Thema Hund zusammen. Außerdem ist es ihr immens wichtig, sich bei allem zum Thema Hund stets auf dem neuesten wissenschaftlichen Stand zu halten. Dafür besucht sie mehrmals jährlich internationale Fortbildungen. Katharina Marioth engagiert sich unter anderem in der Arbeitsgemeinschaft Odorologie e. V., die sich mit der wissenschaftlichen Auseinandersetzung der Nasenleistung unserer Hunde beschäftigt.

DANK

Wenn man sein erstes Buch schreibt, gehen einem viele Geschichten, Momente und unzählige Gedanken und Gefühle im Kopf herum. Es ist viel Arbeit, doch über allem steht schlicht ein Wort: Dankbarkeit. Helmut: Du bist mein bester Lehrmeister. Danke, Schmidti (2011–2021), dass du Helmut für mich ausgesucht hast. Danke an meine Familie, dass ihr jeden Schritt mitgeht und mir im Hintergrund den Rücken für neue Wege, neue Projekte und neue Ideen freihaltet. Natürlich geht ein Dank an alle Hunde und Menschen, die sich bereit erklärt haben, für die Fotos mitzuwirken: Mandy und Ruby, Sara mit Miela und Django, Kathrin und Paul mit Fiete, Julia mit Bonnie, Babett mit Bruno, Jil mit Edgar, Kim mit Maya, Nadine mit Lotti, Natascha mit Miena. Für ein solches Projekt benötigt es viele Menschen, die an mich glauben: meine Familie, der GU Verlag, mein Buchagent Jens, Sylvie, meine Lektorin, Josefine als meine Fotografin und allen voran die Menschen, die mit ihren Hunden zu mir kommen. Christine: Du hast einen besonderen Platz in meinem Herzen! Hundetraining verändert sich: Wir sind heute viel stärker gefordert, den Menschen zu coachen, weil wir mehr über unsere Hunde wissen. Ich bin mir sicher, dass meine Reise nicht hier endet. Mein Herz schlägt für alle, die bereit sind, auf das ihre zu hören. Danke, dass Sie sich die Zeit für sich und Ihren Hund genommen haben.

* Alle Teams, die in diesem Buch vorkommen, sind tolle, tolle Mensch-Hund-Teams – aus Rücksicht auf ihre Privatsphäre sind sie alle anonymisiert.

DIE WERDEN SIE AUCH LIEBEN.

ISBN 978-3-8338-8985-1

ISBN 978-3-8338-8168-8

ISBN 978-3-8338-8982-0

ISBN 978-3-8338-8259-3

ISBN 978-3-8338-7560-1

ISBN 978-3-8338-7589-2

e Auch als eBook erhältlich.

Mehr von GU auf **gu.de** | **gu.verlag** | **gu.verlag**

G|U QUALITÄTS GARANTIE

LIEBE LESERINNEN UND LESER,

wir wollen Ihnen mit diesem Buch Informationen und Anregungen geben, um Ihnen das Leben zu erleichtern oder Sie zu inspirieren, Neues auszuprobieren. Wir achten bei der Erstellung unserer Bücher auf Aktualität und stellen höchste Ansprüche an Inhalt und Gestaltung. Alle Anleitungen und Rezepte werden von unseren Autoren, jeweils Experten auf ihren Gebieten, gewissenhaft erstellt und von unseren Redakteur*innen mit größter Sorgfalt ausgewählt und geprüft.

Haben wir Ihre Erwartungen erfüllt? Sind Sie mit diesem Buch und seinen Inhalten zufrieden? Wir freuen uns auf Ihre Rückmeldung. Und wir freuen uns, wenn Sie diesen Titel weiterempfehlen, in Ihrem Freundeskreis oder bei Ihrem Online-Kauf.

Sollten wir Ihre Erwartungen so gar nicht erfüllt haben, tauschen wir Ihnen Ihr Buch jederzeit gegen ein gleichwertiges zum gleichen oder ähnlichen Thema um.

KONTAKT ZUM LESERSERVICE

GRÄFE UND UNZER VERLAG
Grillparzerstraße 12
81675 München
www.gu.de

IMPRESSUM

G|U

GU ist eine eingetragene Marke der GRÄFE UND UNZER VERLAG GmbH, www.gu.de

ISBN 978-3-8338-9469-5
1. Auflage 2024

Projektleitung: Vanessa Lotz
Lektorat: Sylvie Hinderberger
Bildredaktion: Petra Ender; Natascha Klebl (Cover)
Umschlaggestaltung: ki 36 Editorial Design, Bettina Stickel, Petra Schmidt
Layout: independent Medien-Design, Horst Moser, München
Satz: Christopher Hammond
Herstellung: Petra Roth
Repro: Longo AG, Bozen
Druck & Bindung: Firmengruppe APPL, aprinta druck, Wemding

GRÄFE UND UNZER

Ein Unternehmen der
GANSKE VERLAGSGRUPPE

Umwelthinweis:
Nachhaltigkeit ist uns sehr wichtig. Der Rohstoff Papier ist in der Buchproduktion hierfür von entscheidender Bedeutung. Daher ist dieses Buch auf PEFC-zertifiziertem Papier gedruckt. PEFC garantiert, dass ökologische, soziale und ökonomische Aspekte in der Verarbeitungskette unabhängig überwacht werden und lückenlos nachvollziehbar sind.

Bildnachweis:
Cover: Thomas Koy
Alle Fotos in diesem Buch stammen von Josefine Winkler, mit Ausnahme von Getty Images: S. 5_2; stock.adobe.com: U4_2, S. 2–3, 5_1, 12, 20, 43, 44, 49, 67, 79, 110, 124, 126, 129, 145, 146, 150; Thomas Koy: S. 6; Tierfotoagentur: S. 113, 157, 162, 170, 172; Trio Bildarchiv: S. 30, 68, 80, 93, 102, 109, 123, 149, 152, 165, 166, 169.
Illustrationen: KØI studio (koistudio.de)

Syndication: www.seasons.agency

Wichtiger Hinweis:
Die Gedanken, Methoden und Anregungen in diesem Buch stellen die Meinung bzw. Erfahrung der Verfasserin dar. Sie wurden von der Autorin nach bestem Wissen erstellt und mit größtmöglicher Sorgfalt geprüft. Sie bieten jedoch keinen Ersatz für persönlichen kompetenten medizinischen Rat. Jede Leserin, jeder Leser ist für das eigene Tun und Lassen auch weiterhin selbst verantwortlich. Weder Autorin noch Verlag können für eventuelle Nachteile oder Schäden, die aus den im Buch gegebenen praktischen Hinweisen resultieren, eine Haftung übernehmen.